動物醫生的熱血日記

珍獣の医学

田向健一◎著
郭子菱◎譯

貓咪、倉鼠到蜥蜴，66個
最新奇動人的生命故事

來到動物醫院的貴客們

繼貓、狗之後，現在兔子是第三受歡迎的寵物。兔子有著各式各樣的品種，選擇範圍也很廣泛。

最近刺蝟也有很高的人氣，雖然摸到牠尖尖的刺似乎會很痛，但還是可以輕柔地撫摸牠。我們會餵食刺蝟專用的食物和狗食等等。

狐獴屬於棲息在南非的貓鼬的一種。雖然從外觀上看不出來，但是牠其實很喜歡吃蜥蜴和蠍子，是群居動物，具有同伴意識，因此很容易親近人類。

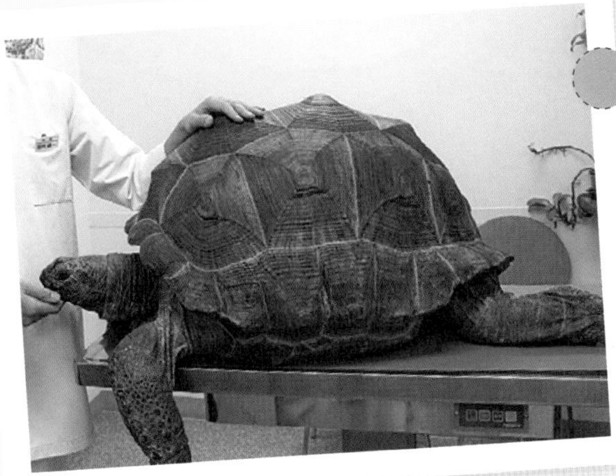

這隻象龜還很小，要飼養這類動物，就必須要有挪出一個房間給牠的覺悟。

塔馬爾沙袋鼠。如果沒有使用正確的飼料和大型養育設施來飼養，牠的腿部和腰部就會變得無力。

從古至今，作為寵物的豚鼠一直受到大家喜愛，也很容易飼養，最近依然擁有高人氣，豚鼠的毛色也相當多元。

現在依然有許多被棄養的貓。貓是因為人類覺得方便而開始飼養的動物，然而飼養後就一定要負責到底。

斑點雕鴞。近年來，猛禽類又大又圓的眼睛擄獲了人類的心，造成飼養者不斷增加，當牠的爪子和鳥喙太長時就必須修剪。

由於黑尾土撥鼠禁止進口，作為替代品的理查森地松鼠就變得非常搶手。

《華盛頓公約》中
記載的
瀕臨絕種動物

亞洲小爪水獺的幼兒，以小指甲為名，非常可愛，但別忘了牠依然是野生動物！換句話說，就是不能稱為「容易飼養的動物」。

墨西哥鈍口螈。正確來說，牠會保持墨西哥鈍口螈的幼態延續，是人氣相當高的兩棲類動物（請參見第八十頁）。

野生寵物中的代表動物——變色龍，這是原產於馬達加斯加，名為豹變色龍的一種變色龍，會根據周圍的顏色與心情來變化體色，主要以活昆蟲為食。

普通狨猴，是可以放在手掌上的小猴子，十分可愛，屬於「靈長類」動物，是人類的同伴。必須留意的是牠和人類有共通的傳染病，較適合有經驗的飼養者。

小星龜。雖然可以用便宜的價格買到，但卻是飼養難度相當高的陸龜，牠的身體狀況很容易就會變差，並不適合初次飼養陸龜的人。

圓鼻巨蜥是廣泛分布在東南亞的大型蜥蜴，隨著年齡成長，身體會變成像是一根木頭，重達二十五公斤。別看牠這副模樣，其實牠非常擅長游泳。

擁有美麗外表與威嚴姿態的藪貓，牠是非常有魅力的動物，但是必須獲得相關單位許可後才能飼養。

灌叢嬰猴，正式名稱為嬰猴，是棲息在非洲的原猴類。在日本全面禁止進口寵物猴的現在，是很難買到的。

揚子鱷。中國的野生種雖然格外受到保護，但日本已經允許進口養殖業者人工培育的揚子鱷，牠是一種小型鱷魚，最長可達兩公尺。

從健康檢查到需要住院的重大疾病

熊貓鼠比小家鼠還要小上一圈，這隻熊貓鼠只有二十二公克，因為嚴重腫瘤而前來就醫。

由於飼主「覺得看起來怪怪的」而送來動物醫院的饅頭蛙，外形像丸子一樣，在青蛙愛好者中是極受歡迎的種類（請參見第十頁）。

原產於馬達加斯加的稀有動物紋蝟，牠以昆蟲為主食，幾乎都在睡覺，是可以賞玩的動物。

吃了太多「碎蓮藕」而進行剖腹手術的狗，因為肉食動物很難消化蔬菜（請參見第一百六十頁）。

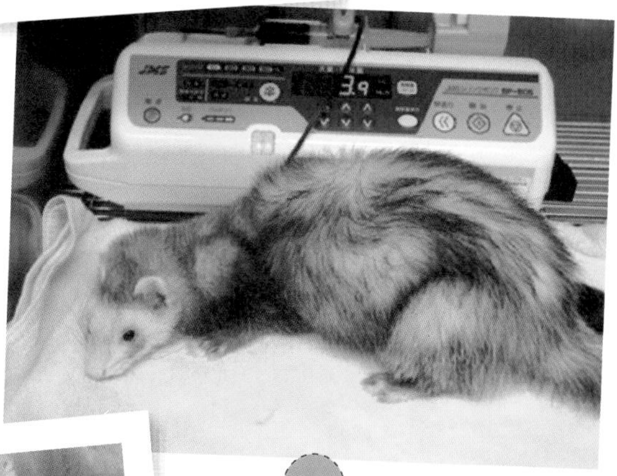

為貧血的雪貂輸血。即使不是人類，也有很多動物可以和人類進行同樣的治療（請參見第一百七十六頁）。

從膀胱中取出結石的兔子。兔子很容易在腎臟和膀胱中形成結石，因此不可以攝取太多的鈣質（請參見第一百二十一頁）。

① 被水槽蓋夾到，導致複雜性骨折（開放性骨折）的蜜袋鼯。雖然腳斷了，但還是可以快速地爬到樹上，對生活並不會造成影響。

② 除非像這樣一再查看，否則不會發現牠少了一隻腳。

正在修剪指甲的刺蝟，如果牠把身體蜷曲起來，一旦碰到牠身上的刺就會很痛，導致無法抓住牠，所以要把牠放在烤魚網上，再修剪從下方露出來的指甲。

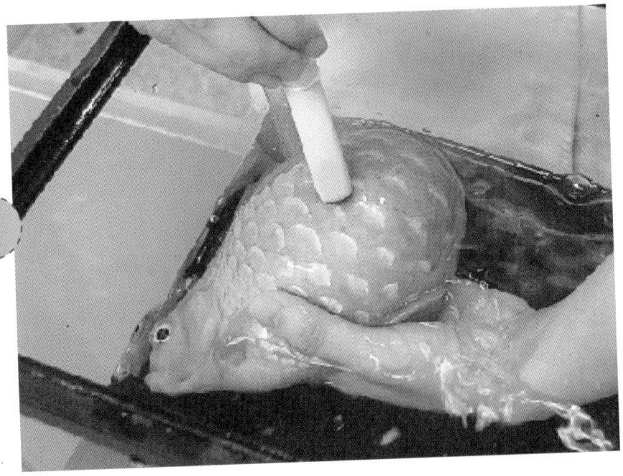

有時候連金魚也會來拜訪。用超音波抵在膨脹得大大的肚子上檢查，發現牠有腎臟巨大化的問題。

為了不要讓拍攝者的手指照到X光，可以用塑膠製的夾子夾住烏龜來拍攝（請參見第一百零九頁）。

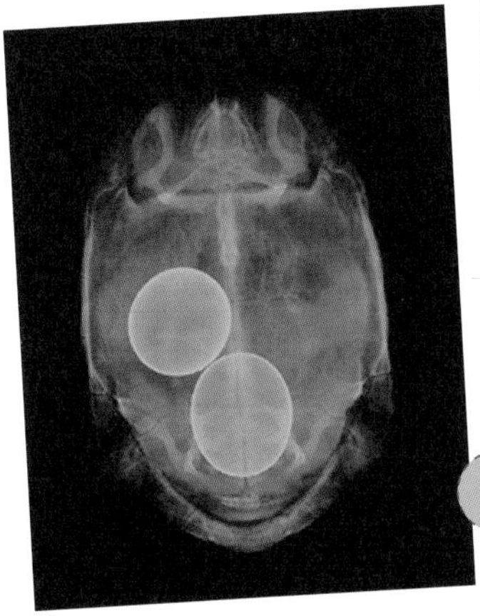

由於烏龜有殼，如果拍到什麼很清楚的東西就表示有異常狀況。照片裡的是因為蛋過大，導致阻塞的陸龜X光照片。

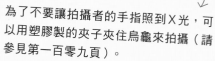

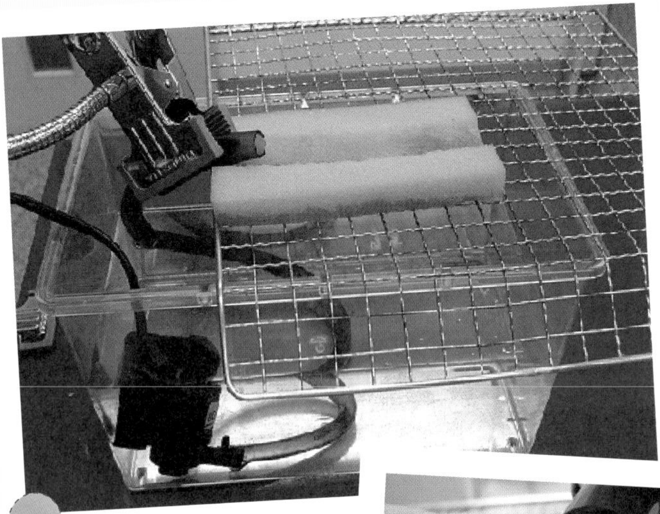

① 供墨西哥鈍口螈使用的麻醉裝置，會配合小蠑螈的形狀來調整海綿（動物醫生什麼都要做）。

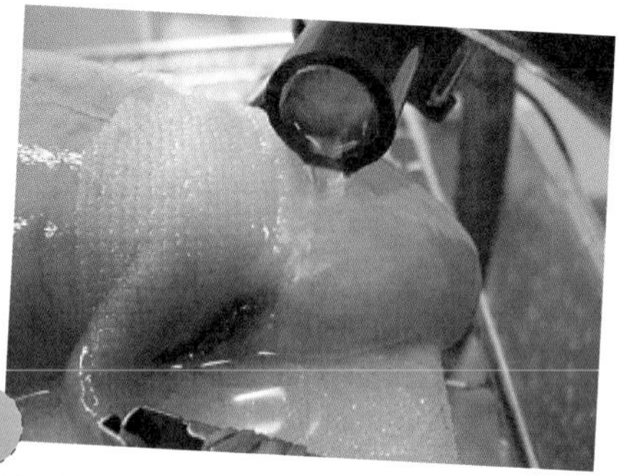

② 小蠑螈是用鰓呼吸的，必須讓加入麻醉藥的水經由循環，不斷淋在鰓上（請參見第一百二十八頁）。

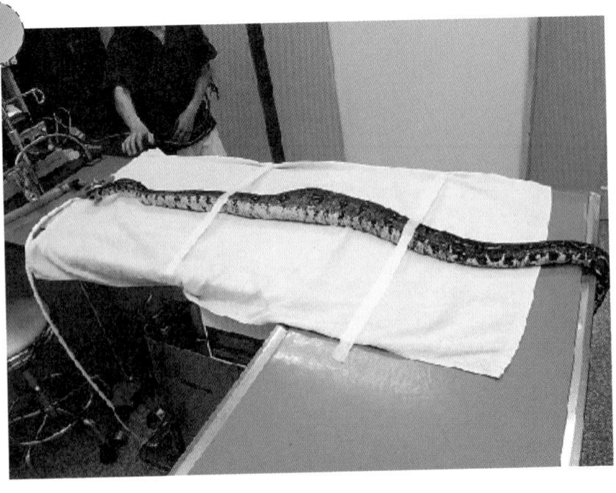

將近三公尺長的蟒蛇不小心吞下寵物墊，造成肚子鼓脹，後來進行剖腹手術才取出異物（請參見第一百五十三頁）。

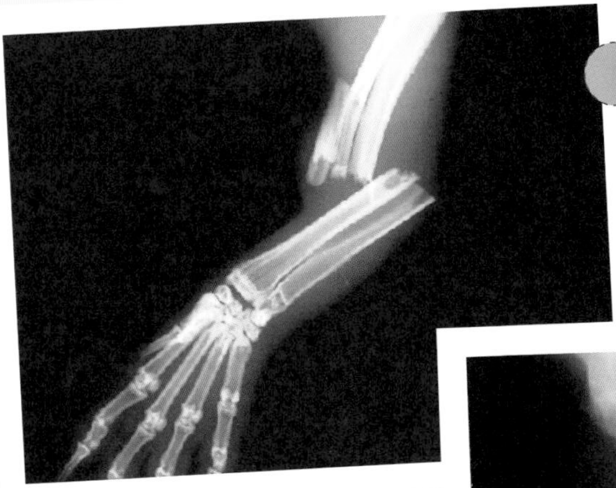

① 兔子骨折。不只是單純骨折，還加上剝離性骨折（請參見第一百三十二頁）。

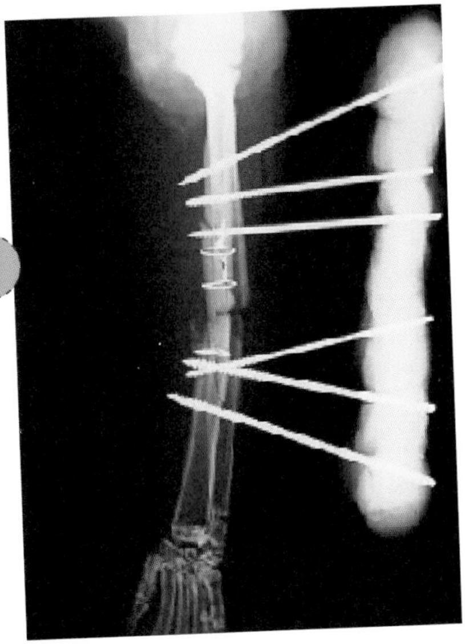

② 兔子骨折的骨外固定。如同從側邊貫穿骨頭那樣地釘入釘子，再用修補劑（putty）把露出皮膚外的釘子如此固定。

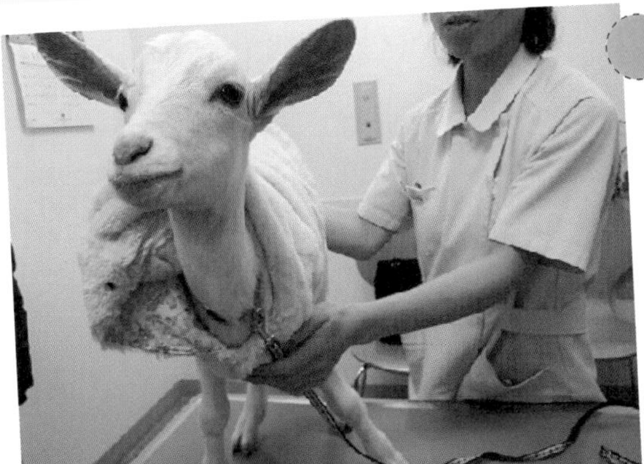

把山羊當作寵物飼養也蔚為風行，由於山羊角很危險，必須進行全身麻醉後才能切除（請參見第六十八頁）。

不小心吞下水槽中溫度計的圓眼珍珠蛙。

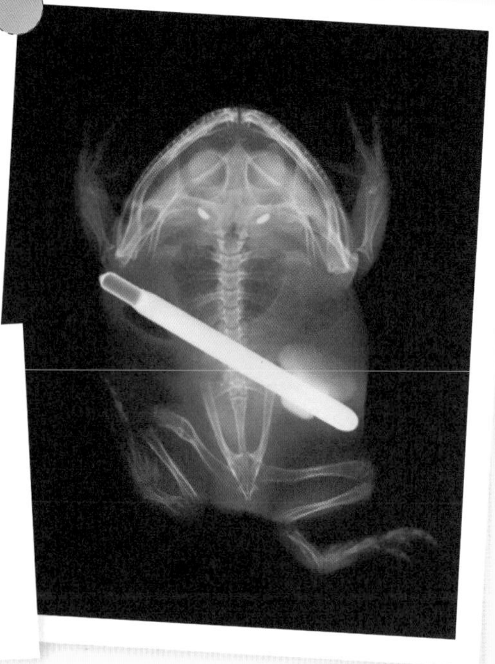

牠的嘴巴會張得像錢包開口一樣，要用鑷子取出異物（請參見第一百五十五頁）。

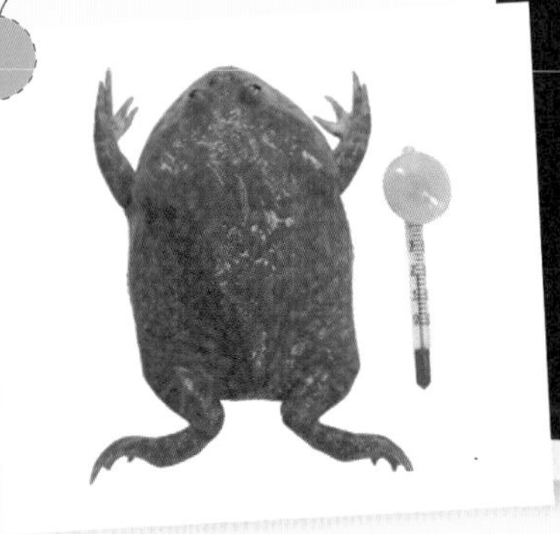

卵阻塞的高冠變色龍，將牠放進犬用麻醉口罩中施打麻醉藥。鳥類和爬蟲類在人工飼養環境下很容易造成卵阻塞，此時就要從輸卵管中一一把蛋取出來。

推薦序 一本令人又哭又笑的好作品

工作日誌 daily-logbook 粉絲團團長

「要從哪裡幫烏龜打針？」這個問題真的很有趣，動物醫生田向健一用日常記事的筆觸，描寫出一般民眾無法想像的「珍獸」醫療案例。

田向醫師對於動物的熱愛跟生命的關懷，以動物醫生的角度生動描繪出其專業與煩惱，飼主對寵物的關懷與無力感，還有生命的強韌與脆弱。

如果你想要知道動物醫院都在做哪些事，在寵物不舒服時應該如何給予支援，甚至是少見的兩棲爬蟲動物該如何動手術，本書一定能讓你增廣見聞。

真心推薦您，這本讓你哭，讓你笑，有時候是又哭又笑的好作品。

推薦序　我們沉睡的道德，因對動物的愛而甦醒

費昌勇（台灣大學獸醫專業學院教授）

道德是人類異於非人類動物的一個重要特徵，但有時人卻會刻意忽視連純真的小孩子都能分辨的是非善惡。而動物之所以被人類深愛，就是因為牠們沒有虛偽。

勞倫斯說：「動物在自然的情況下，順著天性去做，就是牠們『應該』做的事，二者沒有衝突，而這卻是人類已經失去的天堂境界。」田向健一的《動物醫生的熱血日記》，是從一個深愛生命的動物醫生的眼光，經由在動物醫院所經歷的案例去看人與動物的世界，故事裡面有飼主、疾病、安樂死……等議題。當我們從田向健一的窗口去看動物的世界時，會發現原來生命竟是這麼富有意義！更驚覺我們的道德竟然在世俗中沉睡了！這本書讓我們沉睡的道德，透過對動物的愛而甦醒。

要特別提醒讀者的是：本書作者非常含蓄，全書沒有太多批評的字句，但是會用飼主、醫師等之對話內容，讓讀者去體會他要表達的內涵，是很「日式」的寫作方式。在第十二章，作者特別提到「每年都有一兩次會背著員工哭泣」的事件，以及安樂死的議題，是全書對生命最經典的啟示。

目錄

十一 飼主的千百種面貌

十二 是希望讓牠解脫，還是希望救得了牠？

前言

十三年的動物治療之旅

我想要成為動物醫生的原點，要回溯到小時候。我從小就非常喜歡動物，從幼稚園時在樹叢裡抓到第一隻甲蟲，再到鼠婦、蜈蚣、食蝸步行蟲、蜘蛛、日本紅娘華、蚯蚓、蠑螈、青蛙、蜥蜴、蝦子、小龍蝦、海葵、螃蟹等，我都會將抓到的這些動物帶回家飼養。

至於買來的動物，一開始是小家鼠，還有禾雀、虎皮鸚鵡、鬣蜥及各種熱帶魚。不只是這些稍微奇特的動物，我也飼養了流浪貓，以及從親戚那裡要來飼養的約克夏。當時最開心的事情莫過於假日去百貨公司了，我會趁著母親買東西時，在頂樓的寵物賣場逗留。

在小學時代，曾經發生所飼養的虎皮鸚鵡身體狀況變差的事。現在回想起來，應該是卵阻塞所造成的，那時我把牠送到附近的動物醫院，雖然女動物醫生很溫柔地對待我，但她還是相當為難地說：「我是第一次診斷小鳥，既不會注射，也不會檢查，應該怎麼辦才好呢？」於是，那隻虎皮鸚鵡沒多久就在女動物醫生的手上過世了。

如果是狀況不好的小鳥，有可能光是放在手上就會死亡，然而當時的我卻一無所知。我想自己第一次意識到想從事和動物相關的工作，應該就是那個時候開始的吧！

而我開始擁有「成為動物醫生」這個具體的想法，則是在就讀國中以後。當時的我非常想要一種珍貴的寵物，就是原產於中美洲的綠鬣蜥，於是就在東京的寵物店裡訂購，然後寄送到愛知縣的老家飼養。

只不過，如果這麼奇特的寵物生病了，也沒有可以協助看病的醫院。自己的寵物生病了，卻無法看醫生，如果我能夠治療許多寵物的病症的話就好了……。我也曾想過，只要能做與自己喜歡的動物相關的工作，比什麼都來得好，儘管這個想法還很模糊。

大家在提到「動物醫院」時，是不是會認為所有的動物都可以用同一套方式來診斷呢？或者只要是動物醫生，就一定會知道所有關於動物的事情等等？

事實上，完全不是這麼一回事。我在大學獸醫系學到的知識都是以馬、牛、豬等經濟動物為中心，寵物頂多也只有狗和貓而已。由於飼養的數量非常多，動物醫院自然而然也就幾乎都以治療貓狗為重心了。

那麼說到「珍禽異獸」，大家會想到什麼動物呢？像企鵝、猩猩、㺢㹢狓和貓熊等這種在動物園裡的動物，大概就是世上對珍禽異獸最普遍的印象吧！

然而，在日本的獸醫學界，我們會把貓、狗以外的寵物都稱為「野生寵物」（exotic pet），一般來說，這些動物也會被當成珍禽異獸看待。就連現在的主流寵物——兔子和雪貂在普通的動物醫院中也變成了珍禽異獸，而鬣蜥這類動物更被視為「珍禽異獸」中的「珍禽異獸」。

作為寵物，極度受到重視且壽命不斷拉長的狗和貓，隨著年齡增長，就會出現代謝疾病、癌症、生殖系統疾病等各式各樣的病症。由於先進們的努力，二十年來，對狗與貓的診療已經有了顯著進步，終於得以和人類一樣接受磁振造影（Magnetic Resonance Imaging, MRI）檢查與放射線治療等最先進的醫療。

我們醫院裡除了狗和貓以外，就連從以前就有人飼養到現在的兔子、倉鼠，到食蟻獸、猴子等真正的「珍禽異獸」，還有鼯鼠、刺蝟、蛇、青蛙等各種奇特的動物都會來看診。並非倉鼠就不會得到癌症，或是蛇就不會有生殖系統疾病，雖然型態不同，但生命是一樣的，只是至今為止都沒有人「想要了解」、「想要治療」，以及「想要付出行動去治療」。

當我對沒有養過寵物的人說，除了狗和貓以外的寵物也會來動物醫院看診，而我也會進行治療、給予藥物、施行手術時，大多數的人都感到十分驚訝。無論是狗也好，烏龜也罷，對飼主來說都是一樣重要的，如果生病的話，飼主也會感到哀傷。既然我是因為喜歡這些奇特的動物才會成為動物醫生，當然也希望無論什麼動物都能治療，才會像這樣敞開大門來迎接牠們。

我成為動物醫生已經超過十三年了，野生寵物的醫療現場也有了很大的改變。小鳥和蜥蜴必須進行血液檢查，而倉鼠的癌症問題也可以透過手術解決，既有技術能夠治療身長僅五公分的骨折青蛙，也有辦法切開烏龜的腹甲，取出內部的膀胱結石。只是和貓、狗相比，在診療這些資訊顯著較少的珍禽異獸時，就必須具備喜歡這些奇特動物的熱情、自主學習及些許肚量了。

本書整理了蒞臨我們醫院看診的許多動物，以及因為各種原因被飼養的寵物第一線的醫療過程，是一般人也可以愉快閱讀的內容。如果大家能夠更深入地理解被認為應該對動物無所不知的動物醫生，在現場會因為什麼事而煩惱或躊躇不前等等，我會覺得非常開心。

第一章

和未知戰鬥！今天又是哪種稀有動物上門啦？

- 「醫生！我們家的青蛙好像怪怪的？」
- 烏龜、熱帶魚、寵物鼠，與那些獸醫系沒教我的事
- 治療的基礎在於飼養技巧
- 拯救脫水的狼蛛和食蟻獸
- 危機四伏的診療室大戰
- 動物醫生的煩惱、懊悔與失誤

「醫生！我們家的青蛙好像怪怪的？」

有位飼主表示，前幾天生活在地底下的青蛙看起來有點奇怪，於是就連同籠子一起送到醫院了。

飼主把動物帶到醫院，最常提及的就醫原因就是「沒有食欲」、「沒有精神」、「總是覺得怪怪的」。告知因疾病痛苦之患者的主要訴求，稱為「主訴」，無論什麼動物的主訴大多都是「和平常不一樣」。

也許大家會覺得奇怪，為什麼會知道在地底下生活的青蛙「怪怪的」呢？不過飼主就是可以知道。基本上來說，躲起來生活的生物如果開始從隱蔽的地方出沒，或是平常不動的動物開始動起來的時候，多半都是有狀況。因此，平常都躲在地底下的青蛙，如果大白天就從土裡冒出來，以及在樹上一動也不動的蛇卻一直動來動去，我們就會懷疑牠們是不是生病了。

要為這些「好像怪怪的」而前來醫院的動物看診，就要從對飼主的問診開始，也就是所謂的聽取狀況。這時候要盡可能用對方可以客觀回答的詢問方式，例如平常餵食飼料時，寵物都吃多少；平常的行動如何；現在行動如何；尿液量和昨天相比有什麼狀況……等，要詳細地問診，接著才會進入視診。視診就是用看的來檢查動物的身體是否有異常，之後再進行全身觸診，用舔舐般輕柔的力道，觸摸看看是否有哪裡疼痛、哪裡腫脹。有時候我也會把鼻子靠近，聞聞看是否有臭味。接著，就是要尋找所謂「總是覺得怪怪的」，到底是「哪裡怪怪的」。

檢查結果可能是「大概沒問題」，但也有可能在觸診過後，發現「反應很差」、「有凸起物」之類的狀況，這時候就要進入下一步的檢查了。

而這起地底下的青蛙案例，在我看來並沒有什麼異常，因此判斷「再觀察看看」就好，於是飼主便安心地回去了。

診斷病狀也稱為除外診斷，基本上是列出由該症狀聯想到的所有可能疾病，再透過檢查，用消去法刪除不可能的選項，在處理任何動物時都是如此。

就像狗發生腹瀉的情況，我會列出引發腹瀉的原因，再透過問診、觸診、檢查排泄物、透過各種檢查來刪去不可能的疾病選項；或是進行血液檢查，發現血糖值太低，我就會列出會造成血糖值低落的疾病，追加其他檢查，逐一消除不可能的選項，最後留下的就是最有可能罹患的疾病了。

飼主可能會認為：「如果是專業的動物醫生，應該馬上就可以診斷出這是某某疾病呀！」

其實並非如此。經驗與知識越豐富的醫生，就會知道越多「引起症狀的原因」，也可以列出許多可能，這樣比較不會造成誤診。

烏龜、熱帶魚、寵物鼠，與那些獸醫系沒教我的事

我們醫院會有各式各樣的動物來看診，包括企鵝、水獺、山貓、沙袋鼠、山羊、迷你豬、兔子、絨鼠、雪貂、豚鼠、老鼠的同伴——八齒鼠、蝙蝠，以及刺蝟，而猴子則是從日本猴到長臂猿、灌叢嬰猴、懶猴、松鼠猴等都有。

像是小家鼠、鵪鶉、雨蛙這類，一般人會覺得「這也算寵物嗎？」的動物也會來看病，而對飼主來說，牠們都是有必要好好治療的掌上明珠。

前一陣子前來就醫的一隻泥鰍，據說已經飼養十二年了，由於摩擦到水槽導致皮膚受傷，於是我指示飼主要用藥浴治療。

還有烏龜、蜥蜴、青蛙、蛇、小蠑螈、金魚、鱺魚等動物也會前來就診，目前累計的看診動物已經多達一百種以上，動物園、水族館和同業的動物醫生也會前來委託看診，有時候還會

有來自海外的治療研討邀約。

常常會有人對我說：「您的醫院都會有特別的動物來看診呢！」但是其實我也會幫貓、狗看診，就比例上來說，貓、狗和其他的野生動物大概各占五成左右。

由於獸醫界的進步與飼主的需求，我們對於各種動物和疾病的了解，進展得相當專業。即使在野生寵物的領域裡，也有專門負責鳥類與爬蟲類等動物的動物醫生。為了讓動物接受最好的醫療，我們會介紹飼主拜訪該類別最專業的動物醫生，並且指引方向，這就是動物醫生的責任。

然而，動物醫生並非對所有動物知識都瞭若指掌，事實上也只不過是了解「獸醫學」而已。獸醫學起源於治療戰爭時的軍馬與供應糧食相關的家畜。與產業相關的動物稱為經濟動物，由於這門學問原本就是為了治療這些動物的疾病，因此在大學學習的獸醫學都是以馬、牛、豬、雞等家畜為中心。我在大學時代專攻的是豬的內科（多虧如此，讓在我對迷你豬的診療上幫了大忙）。動物醫院開始幫貓、狗看診是近三十年左右的事，據說以前曾是一個大家都說「幫貓看診哪有什麼用」的年代，透過前人的努力，貓、狗在獸醫學中終於受到認可，大學的課程開始教授關於狗的知識，不過和貓相關的課程至今仍然不多。

在獸醫界裡，除了貓、狗以外的珍禽異獸都稱為野生寵物（exotic pet）。和野生寵物相關的獸醫學，在日本還是尚未開拓的領域。例如，關於家畜或經濟動物，在大學中可以學習養蜂、養殖鰤魚或比目魚等，但是卻沒有學習寵物——熱帶魚的知識；大學中會學習作為實驗動物的豚鼠與倉鼠的知識，卻不會學習寵物鼠的知識，當然更沒有關於企鵝和烏龜等內容。當時如果執業動物醫生幫貓、狗以外的動物看診，在業界就會被用異樣的眼光看待，甚至會被當成怪人。作為寵物，貓、狗所占的比例一般來說是比較高的，也因為不曾接受相關教育，能幫貓、狗以外的動物看診的動物醫生，現在還是相當稀少。

不過，只要去寵物店，就會發現販售的類型包括了貓、狗、兔子、烏龜。因此，我把自己的動物醫院定位成只要是人所飼養的寵物，無論什麼種類都可以前來看診。

至於我要如何診斷、治療這些上至爬蟲類、兩棲類，下至哺乳類等不曾在大學學習過的動物，就只能說「盡力而為」了。

如同我在前言中所說，我從小就非常喜歡動物。大部分的男生在孩童時代都會喜歡甲蟲或蜥蜴等動物，然而在成長過程中，就會開始對動物以外的車子、女孩、音樂等事物更感興趣。不知道為什麼，我似乎一直只對動物感興趣。

小學時，我每週都會到百貨公司頂樓的寵物店，也曾飼養自己抓到的蜘蛛和蛇。

中學時，我非常想要飼養刊載在爬蟲類雜誌上的鬣蜥，但是當時在愛知縣老家那裡並沒有販售，於是就從東京的寵物店訂購，用宅急便送過來。

因此，我在獸醫學院面試時很真誠地表示：「我想要學習鬣蜥的獸醫學！」結果對方很明白地回覆道：「我們沒辦法教你。」我還記得自己當時想著，如果學校不能教也沒辦法，就只好自己努力了。於是，在大學畢業後，我就到了幫野生動物看診的動物醫院見習。我一邊在動物醫院裡學習野生動物的診療方法，一邊閱讀專業書籍、尋找論文來自學。即使是現在，我也會把入手的文獻都看過一遍，包括海外資料在內。由於海外的野生動物診療不斷進步，各式各樣的醫學書籍和資料也有如雨後春筍。我就以這些資料為基礎，一邊腳踏實地累積經驗。

這隻來到我家的小鬣蜥，一開始身長只有二十公分左右，後來長到將近兩公尺，活了二十三年。這恐怕可以列入日本養育鬣蜥中的最長壽紀錄吧！我從國中一年級就開始養牠，成為動物醫生後則為牠處理臨終事宜。正是因為有著這樣的經驗，我很擅長治療鬣蜥。

然而，我絕對不是所謂的野生寵物專家。我並非想成為專攻貓狗心臟病這類的專家，而是想成為從貓狗到爬蟲類、無脊椎動物等所有動物疾病的通才。可以就近治療各種動物、各種病症，可以說是作為執業醫生得天獨厚的優點吧。

治療的基礎在於飼養技巧

現在我也在醫院裡飼養無尾蝟（棲息於馬達加斯加，類似刺蝟的動物）、鼯鼠、蛇、蜥蜴、烏龜、青蛙、古代魚等約莫三十隻的珍禽異獸，家裡則有貓、蠑螈、日本紅娘華、鯽魚等。在實習時期，我所豢養的數量是現在的五倍，每天都要花費兩個小時清理和照顧。即使工作很忙，我仍然不斷想著「終於可以用自己賺的錢來飼養最喜歡的動物了」，因此每天都會去寵物店報到，週末的約會也是去寵物店或動物園。回過神來，我才發現自己從小學到現在度過假日的方法一點都沒變。結果，實習時期的薪資就因為這樣而全部花掉了。

然而，我也從中學習到非常多的事。寵物店的老爺爺知道許多動物的知識，我只要一去寵物店，就會花兩、三個小時和他交流。在動物園裡，我則學習到在人工環境下飼育的野生動物知識。透過這些經歷，我現在也能和動物醫生以外的動物夥伴互通有無，如同建立了一個「動物網絡」。就算面對不太了解的珍禽異獸，我也可以借助別人的知識，只要有什麼事情，問某某動物經銷商就對了！

因為我的飼養方法錯誤，而導致死亡的生物也很多。特別是在實習時期，只要想到我養了一大堆非常難養的青蛙，就真的覺得很辛苦。

以青蛙為首，像兩棲類與爬蟲類這種只能在特定自然環境下生存的生物，要在水槽裡飼養是非常困難的。我們無法完美複製牠們的生存環境，並且加以維持，甚至有一些較為敏感的青蛙，只要一天不照顧就可能死亡。

我站在「飼育難養動物」的第一線，為了那些被稱為「絕對不能養」的「難養青蛙」，我開發出讓牠們得以存活的飼養技術。而如今部分狂熱者經常使用的「難養青蛙」一詞，也是我發明的。

當時的經驗在現今的青蛙診療上非常有幫助，就好比超級小的青蛙一定會發生無法確診的狀況。只要沒有明確定義的病名，就不會出現在醫學書籍上。而判斷牠們是否無恙的根據，事實上是透過青蛙的顏色。

即使我們通常都標榜科學精神，但偶爾也會自問：「這樣感覺起來沒問題嗎？」因為我們了解自己飼養寵物的顏色，才會將「看起來怪怪的」青蛙帶去就醫。經由接下來的診斷步驟，就能判斷寵物是否有什麼問題。

就像這樣，在診斷珍禽異獸時，除了獸醫學以外，飼養技巧和生物學知識也會派上用場。

拯救脫水的狼蛛和食蟻獸

有一隻狼蛛因為「沒有精神，也不吃飼料」前來就醫，經過診查，發現牠的屁股充滿因萎縮造成的皺褶，使得原本很有精神的狼蛛只能拖著屁股爬行。狼蛛的屁股之所以會萎縮，是因為脫水的緣故，於是我就朝著狼蛛的屁股注射水分。

我並不是毫無根據就這麼做的，這是記載於英國出版的醫學書籍——《無脊椎動物醫學》（*Invertebrate Medicine*）中的處理方法。另外，美國也有一本和電話簿一樣厚，名為《烏龜類的內科與外科》（*Medicine and Surgery of Tortoises and Turtles*）的專業書籍，其中整理了一連串烏龜的治療方法。然而，並不是所有的動物都有「教科書」，倒不如說沒有教科書的動物反而還比較多。此外，在臨床現場，光用教科書的理論來處理是行不通的。

因此，診療不曾看診過的動物，就是我煩惱的根源，要如何解決實在是一大課題，畢竟每回都是第一次，當然會煩惱應該怎麼辦。

「不如拒絕吧！」我也曾經這麼想過。有許多動物醫生都只診療貓、狗，這也是降低風險的一種做法。在不曾診療過該種動物的情況下，如果診斷錯誤，很有可能會造成動物死亡，那將再也無法挽回。因此，「拒絕診療」絕對不是因為「怠惰」，在某種意義上反而是真誠的表現。

許多野生寵物的飼主，大多是因為被許多醫院拒絕治療，才會到我們醫院就診。我可能也不了解該種動物，也會想要在說明理由後告知「無法診療」，但是一考慮到飼主如坐針氈的心情，會想要盡可能地提供協助也是人之常情吧！當然，如果有比我還要了解該種動物的醫生，我一定會馬上協助轉診。

倘若以「風險管理」的觀點來說，恐怕我是沒有什麼管理能力的那種人吧！和例行公事相比，我更喜歡刺激，所以才會一個人去亞馬遜河探險、在冬天到北海道爬山，即使不曾診療過的動物也會盡可能地處理，認真地全力以赴。

「食蟻獸的狀況不太好，希望能幫忙看看……」我曾接過這樣的電話，雖然常常在動物園裡看到食蟻獸，但是我並沒有養過，也不曾診療過。

「食蟻獸？」我回話的同時心生膽怯，忖度著要不要拒絕。如果這時候選擇勇於面對的話，也只能先從徹底了解對方的狀況開始了。

首先，我以動物圖鑑上的食蟻獸生態為出發點開始調查。哺乳類、爬蟲類、鳥類也都有心臟、胃、腸子，器官都相同，基本上並不會相差太多。

我也詢問飼主許多問題，例如，這隻食蟻獸和昨天看起來有沒有什麼地方不一樣等，客觀地藉由對照其他的動物變化狀況來進行診療。

於是，我發現這隻食蟻獸吃的飼料減少了。順帶一提，以人工培育的方法來說，食蟻獸的主食是將貓糧或水果攪碎而成，這是我從動物園學到的知識，有些地方也有販賣像是「冷凍螞蟻」這種飼料。另外，牠們喜歡美乃滋，因為味道和螞蟻中的蟻酸類似，也很喜愛酸檸檬。

進行血液檢查時，我發現這隻食蟻獸有輕微的脫水現象，除此之外並沒有嚴重的異常。不過，我還是讓牠住院，把維生素溶入添加鉀的生理食鹽水中為牠打點滴，一面觀察狀況。

幸好食蟻獸很快就恢復精神，並且出院了，但是在牠康復之前，我還是抱持著「萬一怎麼樣……」的不安。不曉得前來實習的獸醫學院學生是否了解我的心情，只是不斷地拍攝照片，很開心地看著我治療。於是，我這麼對他說道：「這種事情在成為動物醫生後，可一點也不有趣啊！」

即使如此，在診療不曾接觸過的動物時，我常常絞盡腦汁，一邊擔憂煩惱，一邊做出判斷。就算偶有不安，對我來說，動物診療依然是興奮刺激，又能令我感到快樂的工作。

危機四伏的診療室大戰

要為珍禽異獸進行診察是很辛苦的，剛才所說的食蟻獸也是如此。牠的外觀看起來有張櫻桃小嘴，姿態非常可愛，乍看彷彿是溫順的動物，實際上卻意外地凶殘，只要從飼主戴著皮製厚手套帶牠來醫院就知道了。

這在大型蛇類與巨蜥的飼主身上也可以見到，由戴著厚重皮手套的飼主所帶來的這些動物，大多是很危險的。

事實上，食蟻獸有銳利的爪子，肌肉也很發達，力量相當大。如果被牠那足以破壞蟻窩的強力鉤爪抓傷，立刻會被戳出一個大洞，必須謹慎面對。

這隻食蟻獸最近又來到醫院，這一次是尾巴受傷了。因為身體狀況不佳而前來就醫的那一次，牠非常沒有精神，而這一次就像是要打開籠子衝出來一樣，在籠子上攀爬著。如果食蟻獸爬到網子上，就會用鉤爪來讓自己站穩，即使從旁拉牠，牠也絕對不會鬆手。這樣一來，就完全無法移動牠，只能等牠自己下來。

那一次，這隻食蟻獸過了十分鐘還是不下來，我只好對著牠的屁股搔癢，誘導牠爬到地上。等牠下來後，必須馬上用毛巾蓋住，這樣一來，牠就沒辦法繼續抓住網子，只要食蟻獸變得冷靜，就可以控制牠了。

要這麼辛苦面對的不只是又大又凶殘的動物而已，又小又敏捷的動物更麻煩。草原犬鼠和猴子這類動物的體能都非常強，除了力氣大以外，速度還很快，沒有被馴化的牠們非常討厭人類的碰觸，無法像貓、狗那樣，如果想要粗暴地壓制牠們，不是被掙脫，就是會被咬傷。

我曾聽過飼主在房間抓捕中型猴子時，為了不要讓自己受傷，會穿戴騎乘重機用的皮製騎士服裝與全罩式安全帽來和牠搏鬥，實在不難想像，那絕對是一番激戰。

像花栗鼠這種小型動物有可能會因為壓制而被嚇死，而如果讓牠們逃走，基本上就不太可能抓得回來了。就如同在電視節目中看到的抓猴子場面，我們也會拿著網子在醫院裡追趕。因此，在診療這種敏捷又不能碰觸的小動物時，必須把牠們連同籠子一起放進塑膠袋內，再注入麻醉瓦斯，等到打完麻醉，讓動物安靜下來後，再進行診療大作戰。

事實上，這種案例非常多。我們醫院每年大約會進行四百次手術，加上全身麻醉程度的手術則約莫是每年六百次。

此外，野生寵物並沒有專門的麻醉裝置，因此要使用各種方法。我會製作一個麻醉箱，把不受控制的小動物放在裡面進行麻醉。

例如，在有蓋子的衣物箱上連接麻醉管。只要把動物放進裡面，注入麻醉瓦斯後，稍等片刻，牠很容易就會倒下，這樣一來，就沒有必要壓制那些殘暴的動物了。

如果利用便當盒，就可以化身成專門為雪貂量身打造的麻醉箱。在處理更小型的動物時，我也會使用藥瓶。換成青蛙的話，我會把用在狗等動物身上的麻醉口罩，將較寬的部分朝下，放在診療台上，再把青蛙放在裡面，然後從上方的洞口注入麻醉瓦斯，就會成為大小剛好的麻醉箱。也有動物醫生會將哺乳瓶的吸口部分當成倉鼠的麻醉用口罩。

然而，無論使用什麼方法，麻醉都會伴隨著危險。我通常會在血液檢查後確認能不能進行全身麻醉，不過那些必須連同籠子一起麻醉的小動物就無法這麼做了。雖然在完全不曉得對方的情況下進行麻醉，因而導致死亡的案例非常罕見，但還是曾經發生過。在診療野生寵物時，總是會伴隨著這些難處。

動物醫生的煩惱、懊悔與失誤

決定醫療行為要進行到什麼程度是很困難的，這也不局限於野生寵物。曾經有一隻孵化後身長才五公釐左右的小蠑螈來看病，我將牠放到杯子裡，卻找不到牠了。

「咦？在哪裡？……是這個嗎？（這個像點點一樣的！）」

墨西哥鈍口螈會窩在水底是很正常的，而在剛剛孵化的五十隻裡，就只有一隻隨處飄移著，這的確不是透過醫療行為就可以處理的領域。

也曾有過我認為並不必要，但是飼主卻希望我這麼做的案例，例如，摘除三歲倉鼠身上的腫瘤。倉鼠的壽命大約是三年，因此這就像是在為九十歲的老奶奶進行胃癌手術一樣。

只不過動物不太容易讓人感覺到老態，飼主往往會認為牠很可憐，必須幫牠進行手術。而說到真正可憐的是誰，其實是不忍心看到寵物為腫瘤所苦的主人。

要拒絕很簡單，我認為拒絕也挺好的，不過我之所以會盡可能地不拒絕，是因為覺得「如果我拒絕了，飼主會覺得非常遺憾吧！明明特地帶過來了……」。一旦決定處理，我就會抱持著絕對要救活動物的心態動手術。

檢查和治療要做到什麼程度，是動物醫生經常要做的決策。只要想著無論多麼複雜的事情都得做，還是可以做到的。從磁振造影到放射線治療，人類可以做的療程，動物也幾乎都可以做。

假設我已經利用X光了解某種程度的狀況，如果想要更詳細的資訊，就要進行電腦斷層掃描（Computed Tomography, CT）或磁振造影。這類療程需要動物靜止不動好幾分鐘。如果是人類當然能夠做到，但若是會動來動去的動物，就得進行全身麻醉後才能處理。我也聽過動物醫生會用雙手抱著兔子壓制牠，再和兔子一起進入機器裡。

然而，並不是做到這種程度，而且進行電腦斷層掃描後，就一定可以發現病狀。本來就不可能只靠著攝影來治療疾病，畢竟這不過是檢查的方法而已。我認為權衡麻醉風險、資訊取得與治療可能性是很重要的，如果飼主和動物醫生抱持著「想要了解病因」的欲望而一意孤行，可能反而造成動物的不幸。

事實上，就算是動物醫生在幫生病動物看診時，依然會常常感到不安。我真的能治好牠嗎？這麼一想就覺得十分惶恐。在撰寫這些內容的當下，我的身旁也躺著一隻白天才剛取出膀胱結石的狗，牠的四肢還吊著點滴，從生殖器前端連接著膀胱的導管也露在外頭，鮮紅的血尿正從導管中流淌出來。

這是手術過後的日常情景，我也知道沒有什麼問題。但是，看見這樣的狀態，依然還是會覺得不安。我背著員工，半開玩笑似地偷偷對著狗說：「喂，還好嗎？還活著嗎？」有時候我也會自言自語，半認真地想道：「要是牠撐不住了怎麼辦？」

如果是人類，就可以依照自己的情緒說出「好痛」、「我不需要這個」，但是動物卻沒有辦法，只要飼主說「希望可以檢查」，即使我覺得不需要，也有不得不檢查的壓力。

就算檢查結果並沒有發現嚴重異常，我也曾在告知飼主先吊點滴觀察情況後，收到這樣的詢問：「我家的孩子真的沒問題嗎？是不是應該再詳細檢查會比較好？」而我也不曉得該如何解釋，但是如果我屈服於這股壓力，而對動物進行不必要的檢查，才會對動物造成負擔吧！

在波士頓某家大型動物醫院工作的動物醫生尼克・楚饒特（Nick Trout），曾撰寫一本名為《告訴我哪裡痛：外科獸醫的一日生活紀實》（*Tell Me Where It Hurts*）的書籍。在這本書的書腰上，引述了作者的話：「我們煩惱、懊悔、犯錯……」我想這無疑是動物診療現場的心聲。

比起人類，貓、狗，甚至是珍禽異獸的壽命都很短，體型較小，體力又差，也有很多在醫學上尚不為人所知的部分，所以因病死亡的可能性肯定比人類來得高。就算再怎麼竭盡所能治療，恐怕也無力回天。也許動物醫生就是領悟了這些現實與不安，並且持續默默忍耐的人吧！

根據英國針對精神科醫師的一項調查指出，動物醫生的自殺人數為從事人類醫療工作者的兩倍，高達一般人的四倍；也就是在一萬六千名英國的動物醫生中，每年都有五、六人自殺。

我喜歡這份工作，也不認為只有動物醫生才是辛苦的職業，只是動物醫生必須對那些不會說話的動物和提出訴求的飼主負責，再加上動物醫生的言行舉止會對社會有所影響，還有基於直覺進行治療所造成的後果等因素，也許動物醫生可以說是必須和種種壓力奮鬥的職業。

第二章

動物診療背後的科學

- 我在動物醫院的二十四小時
- 幫黏住的倉鼠脫身，幫過重的烏龜減肥
- 感染瘟熱病的耳廓狐
- 如何觀察動物血液？
- 因黃疸而瀕臨死亡的貓，為何會奇蹟生還？
- 離家出走後又拖著腳回來的貓
- 原因不明的症狀令人頭疼
- 動物醫生的五種責任

我在動物醫院的二十四小時

動物醫院的一天是從早上八點開始的。到了醫院後，首先要檢查信件。當我正在確認那些雪片般飛來、與診療無關的工作信件（書籍、論文及學會的準備資料等）時，就會有員工撥打內線電話來詢問對住院動物的指示。正式診療的時間從九點開始，只要一過九點，等待許久的諮詢電話就會響起。在候診室裡，抱著狀況不佳的寵物，焦急不安、整晚沒睡的飼主正憂心忡忡地排著隊。

我們醫院並不是那種大型動物醫院，而是一天大概有四十名，多的話則會有六十名左右患者的中型診所，其中大約有四成會在上午，六成會在下午來就診。

上午的診療會在下午一點左右結束，而下午一點到四點的這段期間就是所謂的「午休」時間。也許會有飼主認為我這段期間一定在睡午覺，因為我們通常會在門外懸掛「休息中」的標誌，但是這並不代表我們一定在休息。

我會把握上午診療時的空檔，匆匆忙忙地吃完早餐，員工的午餐時間則是下午一點到兩點，我在這段時間則會待在房間裡進行回覆信件、撰寫文稿（包括本書）等事務工作。接著，下午兩點後就是白天的手術時間。

一般來說，就算透過診察，認為動物必須動手術，也不會馬上處理，而是會先讓動物住院、經過預約後，才在白天進行手術。每年大約有六百次手術與麻醉，一天平均有兩次。當然有不需要進行手術的時候，也曾有一天要執行四次的情況。我要趕在下午四點前完成手術，結束之後，就要接著開始下午的診療，而飼主也已經在候診室裡等待了。等到下午的診療結束，就已經是晚上八點以後的事了。

有時候我還要接著進行手術，像是急診病患或是在午休時間無法處理完成的「大型手術」，就必須在結束看診後冷靜地處理，這在業界稱為「夜間手術」。

「抱歉，我晚上突然有夜間手術要處理，沒辦法去今天的酒會了。」如果用這種方式來拒絕邀約，從事一般工作的人也許會覺得「這好像醫療現場一樣，真酷」，不過執行夜間手術就和平常的業務相同，一點也不酷，而且工作一整天後已經很疲憊了，如果可能的話，我會盡量避免這種狀況。

所謂的夜間手術，就是在白天無法進行的手術，以及性命關天的急診病患等，這類一定要在夜晚處理的狀況。另一方面，有些少數案件的情形並不是很緊急，不事先動手術也無所謂，但是也有可能到了明天，情況就會惡化。

這時候，我就會煩惱著到底要不要在晚上動手術。等夜間手術處理完畢，都已經是凌晨十二點、一點了。員工不僅必須留到這麼晚，在手術結束前，當然也沒辦法吃東西。除了手術結束後會筋疲力竭以外，隔天早上九點還要繼續看診。如果手術做到太晚，也會影響隔天的診療。我是普通人，也會想要睡覺，而且從院長的立場來看，自然也不希望員工太辛苦。

但是，如果不做夜間手術的話，搞不好動物的狀況會惡化，醫療現場就是充滿了這種灰色地帶，病況並不是像人們想的那樣非黑即白。

然而就結果而言，不是變好，就是變壞，只有這兩種情況。即使我有八成的把握認為沒有問題，也不代表就完全沒有死亡的可能性。舉例來說，就像是滿心期待的郊遊，在終於出發後，才想到「咦？燒開水的瓦斯好像確實關掉了，但是也有可能沒關」的這種心情。既然是在面對「生命」，就不能無視「萬一出事」的這種不安。因此，我還是會用妥協的心情，告訴員工：「今晚要進行手術，真不好意思。」

即便是沒有夜間手術的日子，在看診結束後，我依然要準備動物醫生的病例檢討會與整理文獻等，直到三更半夜，而隔天八點又要開始工作了。也就是說在一整天裡，我有九成的時間都醒著，而這就是動物醫生的生活方式。

我並不是對自己的忙碌感到自滿，不只是我，有許多在第一線的動物醫生都是這麼生活的。即便是盂蘭盆節、新年假期也不例外。我們醫院在盂蘭盆節沒有休息，新年假期也只會休診三天，只要沒有到府看診的要求，我就會在醫院內活動。雖然會和員工輪流值班，但是員工在元旦也會想要在家休息，因此每年的除夕和元旦都是由我負責值班。

寄宿在這裡的動物也不受新年假期影響，特別是狗很喜歡散步，如果一整天都被關在狹窄的住院用籠子裡，就會覺得很鬱悶，因此必須帶牠散步。如果好幾隻狗一起散步就會打架，因而造成麻煩，所以要分別進行，我會讓寄宿在這裡的小狗沿著醫院周圍一公里的既定路線走好幾圈，一邊跨年，而我的元旦也是從帶狗散步開始。

幫黏住的倉鼠脫身，幫過重的烏龜減肥

我覺得這份工作和警察很相像，負責巡邏的員警是警察，鑑識人員也是警察。而從受理鎮上大小事的員警，到要用顯微鏡觀看、進行血液檢查分析，找出病因的鑑識人員，他們的工作

內容都集中在動物醫生身上。

在某天的看診時間，有一隻被蟑螂屋黏到的倉鼠前來就醫。鼴鼠也是這樣，如果想要逃出籠子，有時候就會被蟑螂屋黏到，就算得以從蟑螂屋逃脫，也會因為無法去除黏膠而變得黏答答的，因此飼主就會來拜託我幫忙處理。

我一邊想著「真笨」，一邊用沾著橄欖油的手指摩擦著那隻黏答答的動物，然後處理黏膠。接著，我會灑上太白粉或麵粉來去除黏稠感，並且反覆進行幾次同樣的動作。如果殘留著黏膠，糞便和地板上的木屑就會黏在倉鼠身上，所以我會像在油炸食物之前灑上麵粉那樣來處理。如果使用太白粉，動物就算舔到也不會有事，而且經過一天左右，粉末就會自然掉落，因此我會叮囑飼主：「在清理乾淨之前，請每天都要灑上太白粉。」這看似一個令人發笑的場景，但是為了讓倉鼠冷靜，而不得不施打麻醉藥劑時，的確還是要動物醫生出場。

處理各式各樣的動物雜事就是動物醫生的工作，連動物的減重諮詢也包括在內。如果是貓或狗，我就會告訴飼主，要確實計算熱量，並且思考減量計畫，飼料也要換成減重專用。

假使烏龜太胖，就會無法擠進龜殼裡，而露出肥滋滋的肉，因此我也會進行飼育指導與運動指示。

要順帶一提的是，正如同人類快速減重會對身體造成傷害，動物也同樣如此。要是肥胖的人或動物突然絕食，熱量就會不足，導致身體會自行溶解脂肪，以轉換為熱量。這樣雖然可以快速變瘦，但是此時的肝細胞會因脂肪過度堆積而導致脂肪肝，造成肝功能不全。

我們醫院常常會有因為快速減重而造成脂肪肝的貓來看診。在某個案例中，據說是飼主自己藉由斷食減肥成功後，就讓飼養的貓也進行減重，一天只給四顆貓食，結果兩隻肥貓都得到脂肪肝，還出現黃疸症狀，然後才慌慌張張地來就醫。兩隻瀕死的貓經過長期住院後，總算恢復精神。大家必須記住的是，什麼事情都要慢慢進行，還是避免過度激烈的減重會比較好。

有一次是一隻肥胖的兔子來看診。兔子如果變胖，身體就會無法靈活轉動，也無法理毛，導致屁股附近變得黏黏的。這種胖兔子大概是因為吃了太多零食的關係，一旦糞便變軟，屁股的周圍會弄得髒兮兮的，然後飼主就帶牠來看診，對我說：「請幫忙清洗。」

「喂喂……」事實上我必須小聲地說，在動物醫院的工作中，清洗兔子的屁股是最辛苦的工作。無論我再怎麼處理，發狂的兔子還是會一直發狂。只要淋了水，牠就會更生氣，連想抱牠都很困難。由於兔子的骨頭非常脆弱，如果抱得太用力，可能就會骨折，再加上牠的被毛非常綿密又很難風乾，被吹風機的聲音嚇到後，牠又會抓狂了。因此，我很理解飼主困擾的心情。

「上了年紀的兔子會亂撒尿，把腳弄髒，但是又不知道該怎麼幫牠洗澡，我無法自己清理乾淨。真的很不好意思，也很抱歉，能夠請您幫我清洗嗎？」

對方這麼一說，我當然會爽快地一口答應，不過也曾遇到不會爽快地說出「請幫我清洗」的飼主，只會曖昧地講著「很髒」、「在家裡無法處理」、「沒辦法像醫生一樣好好抱著牠」，這就是日本人的麻煩之處，我覺得能夠直接把希望的事情說出來會比較好。如果我接著說：「那麼我來幫你洗吧？」對方就會立刻清楚地大聲回答：「好的，麻煩您了！」我的老天爺啊……

只要用心，清洗兔子屁股這種事就算不是動物醫生也做得到。清洗兔子屁股比執行我不擅長的手術更花費時間，要耗費很多精力，但是這一切卻無法反映在醫療費用上……。

在為倉鼠灑上太白粉、幫兔子洗完屁股後，我還要清除附著在雪貂血管上的超細小腫塊，以及為不亞於人類腫瘤手術的大型犬類進行截肢。

等到這些事情處理完畢後，就到了下午的看診時間，這一次我又接受了減重與「我家狗狗是會在看家期間亂翻房間垃圾桶的壞孩子，請問我該怎麼辦？」的諮詢。有時候工作內容轉換的幅度太大，我往往不知道要如何即時切換。

感染瘟熱病的耳廓狐

有一次，有一隻耳廓狐（棲息於非洲，是世界上最小的犬科動物）由於流鼻水又長眼屎，狀況不佳而來到醫院。飼主一同飼養的還有兩隻雪貂，據說因為某種類似感冒的症狀而往生了，飼主很擔心這隻耳廓狐也會步上後塵。耳廓狐是狐狸的一種，屬於犬科；雪貂則與黃鼠狼同為鼬科，但是也有會在不同動物之間傳染的疾病。

我當然沒有關於狐狸的醫學書籍，雖然在自己所知的範圍內給予這隻耳廓狐抗生素，但牠的狀況還是越來越差，就算進行血液檢查也沒有發現異常，可是沒想到用顯微鏡觀看血液之後，發現平常應該不會有異物的紅血球內部，竟然出現從未看過的圓形物體。

「這是什麼？」

我把血液檢體送到血液學專家那裡，對方說是瘟熱病毒的包涵體。

所謂的包涵體，是指感染病毒時在細胞內生成的結構，只會在感染後的二到九天內出現，相當罕見。由於很幸運地發現包涵體，我也能確定診斷這隻耳廓狐罹患了瘟熱病（確定診斷就是確定病名）。如果沒有發現包涵體，就無法確定診斷狀況，恐怕我會做出「疑似瘟熱病」的結論。

瘟熱病是致死率非常高的犬類代表性傳染病。除了狗以外，據說只要是肉食性動物都會感染。恐怕先前死亡的雪貂也是如此，雪貂對瘟熱病毒非常沒有抵抗力，只要發病，百分之百都會死亡。

在這個案例中，可以懷疑在雪貂體內擴散的瘟熱病毒也感染了耳廓狐。遺憾的是，我無法拯救那隻耳廓狐，因為這是死亡率極高的疾病，就算能夠救活，牠也會因為腦炎造成的後遺症，而留下名為「抽動障礙」的痙攣症狀。

那麼，瘟熱病毒究竟是從何而來的呢？

這是一個謎，不過事實上在雪貂因為類似感冒症狀而死亡的前些時候，牠曾在附近的動物醫院接種瘟熱疫苗。一般來說，我們都會為雪貂進行瘟熱疫苗接種，只是瘟熱疫苗接種卻大有問題。

雪貂用的瘟熱疫苗在日本並未獲得衛生單位許可，無計可施之下，只能採用犬用疫苗。疫苗是能夠減少毒素的病毒，偶爾也會有因而感染瘟熱病的情況，這一次的事件究竟是否因為疫苗而引起，我們依然不知道真實情況。

另外，美國有販售雪貂專用的疫苗，而日本之所以不能進口、尚未許可使用的原因，在於疫苗是生物製劑，和其他的藥物相比，要獲得許可非常困難，也沒有一定的需求。因此，如果日本有醫院進口雪貂用疫苗，並且施打，除非對方是以個人的名義進口，要不然也很困難。

人類和動物的診斷就如同前一章所說，必須從症狀來列出疾病，並且用消去法刪除不可能的疾病。那些因為「總覺得我家的孩子有點奇怪」、「牠不吃飯」這些理由而前來就診的動物，到底是哪裡奇怪，又為什麼會不吃飯，都必須從飼主的話語和檢查結果來加以統整。

只是這項結果，並不會像警察電影那麼簡單就能解開謎題。

如何觀察動物血液？

一連串的臨床檢查也是動物醫生的工作。如果是為人類看診的醫院，會有醫事檢驗師和醫事放射師這種專門負責檢查的人，但是在一般的動物醫院裡，血液檢查、X光檢查、超音波檢查都要由我們自行處理，並且加以診斷。

動物患者在被帶到醫院時，大多數的病情都處於加重狀態，如果不迅速檢查、診斷，很有可能馬上就會奄奄一息。因此，有許多動物醫院為了能夠立即處理，會購入不少昂貴的醫療檢查機器。

例如，其中一種用來計算血液中血球數的血液檢查設備，是可以在三十秒左右計算出血液中紅血球或白血球等數值的先進儀器，售價超過一百萬日圓。

這種儀器的名稱叫做pocH，讀做「波奇」，不曉得是不是因為用於動物醫院，這個名字顯得既隨性又微妙。它本來是用於計算人類血球的裝置，後來也被許可用在動物身上。當醫院內的檢查行程太滿、整個場面一片混亂時，我就會這麼對員工喊道：「喂，你來用pocH測量一下佐藤家波奇的血液！」

這種對話完全沒有緊張感。

血液檢查並不是只用儀器讀取出數值而已，pocH的旁邊附有顯微鏡，可以確認所採集血液的狀態。很多時候，我們並不是用數值，而是直接用肉眼來觀察就可以了解情況。

接下來就有點專業了。白血球中有「嗜酸性粒細胞」、「嗜中性球」、「嗜鹼性球」、「單核細胞」、「淋巴球」，藉由調查這些變化，即可進行某種程度的判斷，知道體內哪裡出現發炎症狀等異常。

嗜酸性粒細胞具有打敗細菌的機能，在骨髓等處生成，成熟後會流入血流中。

當血中的白血球數量正常，而且成熟嗜酸性粒細胞占了總白血球數的大部分時，即可知道

顯微鏡下的動物血液

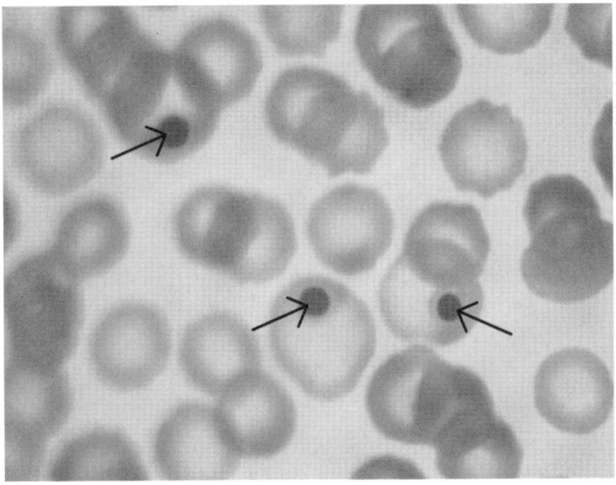

在那隻耳廓狐的紅血球內可以看見圓形物體，這是瘟熱病毒的包涵體（如箭頭所示）。

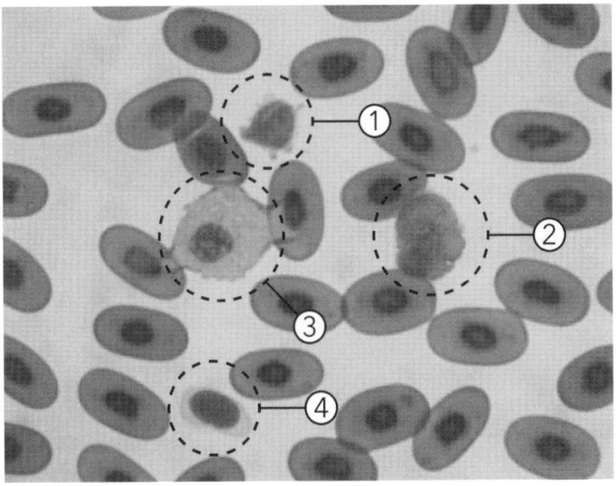

這是烏龜的血液。橢圓形的是紅血球，①是淋巴球；②是嗜酸性粒細胞；③是嗜中性球；④是栓球，鳥類、爬蟲類的身上也有，相當於哺乳類動物的血小板。

體內的狀態穩定，沒有必須戰鬥的對象。

相反地，如果可以看見許多成熟度低且新生的嗜酸性粒細胞時，就代表生物組織判斷需要大量的嗜酸性粒細胞，才會有不斷生產的狀況，顯示出嗜酸性粒細胞正被迫要與細菌奮戰（重度感染）。

當我們發現「糟糕，出現好多新生的嗜酸性粒細胞，正在和細菌戰鬥」時，就會判斷「用抗生素來支援吧！」正常淋巴球會占白血球整體數量的二〇%左右，但是如果有了某種白血病，淋巴球的比例就會顯著增加。

「啊！是淋巴球白血病，如果不施打抗癌藥物就會死亡！」

動物醫生會像這樣，藉由觀看顯微鏡下的血球狀況進行治療。

在我們醫院裡，除了剛才所說的pocH以外，還有遠心分離器、血液生化分析儀，從人類醫院中醫事檢驗師所負責的血液檢查，到急診室（Emergency Room, ER）的各種工作，動物醫生都要一手包辦，找出生病的原因。

因黃疸而瀕臨死亡的貓，為何會奇蹟生還？

有時候即使進行了各種科學檢查，卻還是怎麼樣都找不出病因。前一陣子，來了一隻不管怎麼樣都無法停止嘔吐的貓。牠一天會吐十幾次，一進行血液檢查，就發現肝臟的數值出現異常。肝細胞內含有名為GPT和GOT的酵素，當時那些數值已經超出檢查機器的測量界限，正常應該要在一百以下，但卻出現超過一千的情況，也就是已經高於正常值十倍了。

牠甚至還出現了黃疸。構成黃疸指數的膽紅素測量，正常值通常在一以下，然而當時這隻貓的指數卻高達四，雖然牠外表看起來很有精神，但是檢查數值卻非常糟糕。

我向飼主建議：「這隻貓雖然看起來還很有精神，不過檢查數值卻大幅超出正常值了，我想還是住院比較好。」飼主雖然有些煩惱，但最後還是同意住院的要求。

當肝臟數值不佳而出現黃疸時，我可以用類推的方式找出大約十種可能的疾病。接下來就要更進一步地檢查和治療才能確診。所謂透過治療來診斷，是在得出確定診斷前，以及在診斷上花費太多時間，有可能會導致病情惡化時，要先假設可能是某種疾病來進行嘗試，如果有效果，即可判斷出就是該疾病，而不是在診斷之後才開始治療，這個過程稱為實驗性治療或診斷性治療。

接下來，要進入稍微有些艱深的話題了。黃疸指的是，血液中名為膽紅素的黃色色素增加，因而附著在皮膚、結膜及黏膜上的症狀。

當血液中的膽紅素濃度過高時，代表肝臟的狀況太差，無法處理膽紅素。肝臟到膽囊、腸道的血管某處發生阻塞，導致膽紅素無法排泄到腸道；又或是紅血球因為某種原因壞死（溶血狀態），才會造成血液中膽紅素增加的狀況。

因此，出現黃疸時，不是處於溶血狀態，就是肝臟本身不好、膽管阻塞等，要用其他的血液檢查、X光檢查、超音波檢查，來找出膽紅素上升的原因。然而，這一次無論何者卻都無法解釋。

現階段要在不動手術的狀況下了解肝臟構造，就只有利用X光、超音波、電腦斷層掃描及磁振造影這些方法而已，幾乎所有的醫院都仰賴X光和超音波檢查。

藉由影像畫面診斷可以有效地掌握肝臟的現況，但卻無法了解組織本身的變化。即使肝臟的形狀沒有異常，也有可能是在肝臟機能上發生問題。

因此，想要得到更詳細的資訊，也可以從皮膚外對準肝臟的位置，以細針抽取肝臟細胞，或是切開腹部，用眼睛來確認、觀察臟器，採取少量肝臟組織的方法，這稱為剖腹探查手術。

事實上，大多時候我都是在剖開患者的腹部後才能了解狀況。然而，這是為了檢查才進行剖腹，無法代替直接治療，說到底，也不過是為了掌握肝臟狀態的方法，最終依然必須由飼主判斷是否進行。

關於這隻貓的情況，我向飼主說明了好幾次，卻依然無法取得同意，因此也就無法進行檢查了。

在這隻貓住院後，我幫牠打點滴、給牠強肝劑，盡可能實行所能想到的肝臟治療。只是牠依然不吃飼料，一天過後，黃疸指數又上升了一、兩個單位，第三天的膽紅素值甚至都達到十了。

究竟該怎麼辦？我做了好幾次血液檢查，也照了超音波、X光，在容許範圍內做了各式各樣的檢查，但卻還是不清楚狀況。到了住院第五天，當我用流質食品強制餵食時，牠吐出一顆拳頭大的毛球。

「是這個嗎？是因為這個嗎？」

基本上，只要胃裡有這種東西都不是什麼好事，搞不好是因為這顆毛球堵塞十二指腸裡的膽管出口。確實，我無法否認黃疸指數因此變得不正常的可能性。

然而，之後別說是狀況好轉，牠的黃疸指數仍在持續增加，膽紅素值也到達了十二。

「究竟是怎麼一回事？」我只能和所有的員工一同困惑不已。

這隻貓的飼主原本並不打算讓牠住院，而我向他說明：「我們這裡也會努力，再這樣下去有可能會死，但是只要我們進行某種程度的集中治療，也有可能會變好。」對方才總算答應。

儘管如此，貓在住院治療後的情況依然持續惡化，我的壓力也不斷累積。雖然我也曾和院內及其他醫院的動物醫生一同討論，卻還是無法得知確切的原因。

過了一週後，膽紅素值來到了十四。膽紅素值十四竟然還活著，這已經可以說是不可思議的狀態了，這隻貓的耳朵變成黃色，嘴巴也是一片黃。我將至今為止的治療經過與檢查結果，一五一十地告訴飼主。

「我不曉得到底怎麼了，黃疸指數不斷增加，我也很難進行接下來的治療。牠可以繼續住院，不過也許把牠帶回家會比較好。」

在醫界中，這種狀況稱為「預後不良」，代表前景不樂觀。我也在想，自己已經竭盡所能地努力到現在，也許牠是真的快要不行了，至少在最後的時刻由家人來照顧牠會比較好。沒想到這隻貓回家兩天後，就開始慢慢地進食，一個禮拜後就康復了。說康復或許有語病，不過至少快要死掉的動物是不會正常吃飼料的。

在那之後，我也持續監控牠的肝臟機能，雖然數值一直上上下下，不太穩定，不過那也只是數字，這隻貓本身倒是泰然自若。結果一個月後，肝指數就恢復到原來的狀態，黃疸也消失了。大家常說「動物還是在家裡來得好」，應該就是指這種案例吧！

事實上，我偶爾會經歷這種情況。體驗得越多，越覺得動物醫生就是比誰都多疑。醫學書籍上會將疾病的資訊整理得非常完整又淺顯易懂，只要看了就會豁然開朗，心想自己也可以簡單地找出病狀，然而並非一定如此。

因為教科書上的內容是總論性的，而我們工作面對的是眼前的一隻動物，是個論性的，並非每一隻動物都會有相同的症狀，因此大家常說「事件總是在現場發生」。

每個案例都各不相同，有時候某個疾病會引起其他的疾病，接著又會出現其他疾病的症狀。在這種情況下，無論再怎麼著眼於單一疾病，還是很難弄清楚狀況。臨床現場時常讓我感受到「這個世界沒有這麼簡單」，這真的是一個完全沒有安全感的嚴峻世界。

離家出走後又拖著腳回來的貓

我也曾經結合好幾個因素進行綜合判斷，才終於了解病因。

前一陣子，有一隻離家出走的貓在隔天拖著腳回來，而且完全不吃飼料，於是就被送來醫院了。據說牠在離家之前精神充沛，恐怕在離家的這段期間內發生了什麼事。

經過檢查，我發現牠的呼吸有些紊亂。貓是一種呼吸非常平緩而安靜的動物，因此如果能夠明顯看出胸部上下起伏，多半是呼吸出現狀況。我讓牠試著走路，就注意到牠拖著腳，然而在觸診時，牠也不覺得特別痛，看起來應該不是骨折或脫臼。

為了以防萬一，我還是拍了牠的腳部X光，也沒有發現明顯的異常。由於呼吸不太對勁，我一併照了胸部X光，這時候才發現有部分的白色陰影，我就知道這是胸腔積液（胸水）了。

哺乳類動物的胸部和腹部由橫膈膜分隔，胸部有一個名為胸腔的負壓空間，肺與心臟就位在其中。胸水就是液體積存在肺的外側，即為胸腔內，這會壓迫肺和心臟，因此導致身體不適。

一般來說，胸水大多會伴隨著心臟病、肝臟病、腎臟病、腫瘤、傳染病等慢性疾病，因此到昨天為止明明還精神奕奕，今天就突然胸腔積液的可能性是很低的。

這隻貓的症狀之一是拖著右腳，還有一個症狀是右胸腔中有積液。換言之，症狀只在右側發生，當同一側發生問題時，不就可以考慮是因為某些事故造成的嗎？例如，是否因為右側遭受強大外力，導致右腳受傷、右側胸部血管斷裂？搞不好胸腔累積的液體其實就是血液？我試著這麼推測。

於是，我對準胸腔，以細針抽取胸水觀察，採集出來的果然是紅色液體。我用顯微鏡加以確認，就如同先前所預期，這些紅色液體正是血液。也就是說，我可以判斷這隻貓的右側受到強大外力，可能是因為外傷而導致要拖著腳走，再加上胸腔積血很痛苦，所以才會不想吃飼料。

所謂的醫學，也只能了解到這裡。但是，飼主卻說：「這個孩子非常害怕汽車，我想應該不是汽車，而是機車或自行車吧！」不斷地逼我確認究竟為什麼會發生這種情況。

等到下一次回診時，對方也不斷質問我：「牠是不是被誰踹飛了？」當然，我非常了解飼主想要知道原因的心情，但我也未曾親眼目睹是被汽車、自行車，還是被誰踹飛的，因此也無從知曉。

之後我為這隻貓注射止血劑，等待出血的狀況停止。如果是輕度出血，通常會隨著時間而自然停止，但是因為在這段時間，牠呼吸時會很痛苦，於是我讓牠住進氧氣室裡，等幾天後恢復精神就讓牠回家。

這是我結合了飼主的說明，也就是「到昨天為止還很有精神」、「去外面回來之後」，以及動物的狀態是「拖著腳」、「很痛苦」、「只有右側」，進而推導出來的判斷。如果只看動物「拖著腳」，我或許就不會注意到胸腔的異常。

此外，倘若飼主說：「最近的狀況好像一直很差。」因而懷疑是慢性疾病的話，我最先調查的可能是有沒有心臟疾病和腫瘤。

讓飼主客觀說明狀況是很重要的，假使動物醫生只掌握一個症狀，視野就會變得狹隘，取得各方面的平衡比任何事情都還重要。

原因不明的症狀令人頭疼

談到進行科學檢查的困難案例，就是雖然沒有特徵性症狀，但是身體狀況卻突然不佳的情形，其中之一就是犬類甲狀腺機能低下症。

這種症狀會不明原因地掉毛、不知緣故地變胖、好像有點貧血的感覺，就是這種「不明原因」的類型。如果不知為何掉毛，就只能先給予營養補充品，結果卻未如預期中長出毛髮。此外，明明沒有增加飼料量，動物卻變胖了，或許是因為高齡後運動量減少所致，又或者其實牠不想運動，就是因為高齡加上肥胖的關係。

高齡的大型犬假如有上述的症狀，就要先懷疑是不是甲狀腺機能低下症。然而，這種「不明原因」的症狀在日常生活中十分常見，是很容易疏忽的疾病。內科的疾病種類也很多，要從不會說話動物的「不明原因」症狀中確診是相當困難的。

皮膚病也是如此，出現在皮膚科教科書上的皮膚病是非常典型的，也會配合該狀態的照片一同解說，如果動物以這麼嚴重的狀態前來看病，我們就可以馬上了解情況；但是一般而言，飼主並不會放任情形變得如此嚴重，只會因為不明原因的紅腫、不知何故掉毛這類症狀而帶寵物就醫。

這種「不明原因的皮膚病」非常麻煩。說到皮膚科，其實從數百年前就一直是同樣的做法，現在也基本上都是以視診為主，然後進行檢查，只要數值出來後，說明這是皮膚病就好了。然而現狀是，並非所有的皮膚病都可以使用儀器檢測出來。

不過，皮膚病有唯一一個客觀又具醫學性的診斷方法，就是取下一小塊皮膚的病變部分，檢查病理組織，這樣一來，即可藉由研究細胞與組織來確定是罹患了哪一種皮膚病。

只是這件事非常困難。在皮膚只是有點紅、癢的情況下，詢問飼主是否可以劃開皮膚，對方通常不會答應。皮膚病理切片會透過局部麻醉來進行，因此不會疼痛，但是對方一定會有著「只是有點變紅，為什麼非得在皮膚上劃開一個傷口不可？」、「不這麼做的話就無法治好嗎？」之類的疑問。因此，在進行基礎診療的私人動物醫院，醫生要做到這種程度並不容易。

如果是在大學醫院附設的動物醫院，狀況就截然不同了。飼主通常是因為一直治療不好的皮膚病而跑了好幾家醫院，最後才會求助專科醫生的診斷，因此自然而然就會說出：「請幫牠進行皮膚組織檢查！」

因此，在臨床現場，與很嚴重的症狀相比，這種「不明原因」類型的診斷反而更加棘手。

、動物醫生的五種責任

將動物的疾病治癒很重要，但有時候更重要的是確定病名，這就是動物醫生的使命。也許飼主會說：「要怎麼樣診斷都行，只要能治好就是名醫。」然而，「確定診斷」在獸醫界是非常重要的，這是動物醫生之間的共同語言。

只要能夠確診，就算前往位於美國的遙遠醫院，大致上也可以接受相同的治療，因為治療目標一致；而在沒有確診的情況下，倘若搬到很遙遠的地方，就要從頭開始進行很多的檢查才行。

此外，即使在沒有確定病名的情況下幸運地治癒了，我們也會想著：「是不是靠歪打正著治好的？」這時我們的處置就無法讓其他動物醫生參考，也很難得出合理的的評價。雖然「確定診斷」並不是絕對必要的，但最理想的狀況就是如此。如果要用大家都能理解的話來描述，這就和水戶黃門每次都要亮出德川家紋印盒的意義是一樣的！

為了確診，必須遵循一定的流程，並且貫徹這個方法論，這樣下一次處理類似的病例時，也許就能更快確診。動物醫生絕對不會因為「莫名其妙治好」而感到滿足。

在柏納德・羅林（Bernard Rollin）撰寫的《獸醫倫理入門》（*An Introduction to Veterinary Medical Ethics: Theory and Cases*）一書中，講述了許多讓人茅塞頓開的內容，內容有點長，大意如下：

動物醫生有「五種責任」。第一是對飼主的責任；第二是對同業的責任；第三是對社會的責任；第四是對自己的責任；最後則是對動物的責任。在面對某個病例時，如果這幾點之間彼此衝突，你會被道德、責任與義務包夾，處理的路程也會布滿荊棘，因此置身臨床現場的動物醫生，心理狀態是很複雜的。

具體而言，就是即使在沒有確診的情況下治好，履行了對動物和飼主的責任，但卻沒有滿足對自己、同業及社會的責任。

此外，就算忠實地按照飼主期望的治療方式來處理，但是如果因此讓動物感到痛苦，也不能說是履行了對動物的責任。

即使在滿足對飼主和動物責任的情況下，若是手術收費極為低廉，仍然沒有履行對同業的責任。

又或者是對著把受傷野鳥帶來就醫的人罵道：「以生態學來考量，救了一隻鳥也稱不上是保護野生動物，所以還是少管閒事比較好！」這就是沒有負起對社會的責任。

確實，無論多小的病例，在執行時如果不履行所有的責任，我就會有一種不踏實的感覺。

一直以來，我都會想辦法負起全責，但是依然會有「這樣做真的對嗎？」的心理疙瘩。在閱讀這本書籍時，我總是屢屢點頭稱是。

如果有能夠輕易履行這「五種責任」的動物醫生，我會立刻想要拜他為師，因為動物診療真的是門艱深的學問。

第三章

鬣蜥們的絕育手術

- 越努力營造自然的飼養環境，越會發生卵阻塞
- 絕育手術其實是為了預防疾病
- 為什麼要切除狗尾巴？

越努力營造自然的飼養環境，越會發生卵阻塞

以前曾經流行過把鬣蜥當作寵物，甚至還出現菅野美穗主演的日劇《蜥蜴女孩》，那麼接下來就來說說到我們醫院看病的一隻鬣蜥——太郎。

「醫生，我們家太郎的肚子脹脹的，也不吃飯……」

「肚子確實是脹脹的。話說回來，太郎不是女生嗎？」

「呃……我是把牠當成男生啦！」

爬蟲類很難辨別雌雄，常常會有你以為是雄性，但其實是雌性的情況。我連忙幫這個鼓脹的肚子照X光，發現裡面有好多的蛋。

「雖然你努力幫牠取了一個帥氣的名字，不過太郎是女生，牠的肚子裡塞了很多的蛋，所以才沒辦法吃飯。這是在小鳥身上經常發生的狀況，也就是所謂的卵阻塞，這個要動手術取出會比較好。」

我對太郎進行全身麻醉，然後為牠裝上心電圖等監測儀器，進行正式手術。一剖開牠的肚子，蛋就一個接著一個掉了出來，彷彿多到數不完，在這個小小的身軀裡塞了這麼多的蛋，一

定很痛苦吧！肚子腫成這樣的太郎，在恢復精神後就跟著飼主回家了。

如果飼主希望日後不要再繁殖，除了把蛋取出以外，我建議可以進行絕育手術來預防卵阻塞，因為在人工飼育環境下，想要維持正常的繁殖週期是很困難的。前面提到的太郎情況也是如此，在取出蛋的同時，只要一併摘除卵巢，就可以順利地完成絕育手術，日後就讓牠以沒有雌性性徵的狀態生活吧！

事實上，卵阻塞是性命攸關的可怕病症。在臨床現場，有很多的鳥類和爬蟲類等卵生動物都是因為卵阻塞而死亡，就算單獨飼養雌性，牠們還是會生出蛋（這當然是未受精卵，就算等再久也不會孵化）。

那麼，為什麼這些動物明明沒有交配，卻還是會生出蛋呢？其實對鳥類和爬蟲類而言，產卵就像人類女性的生理期一樣，以生活周遭的例子來說，只要大家想想養雞場的母雞就很容易理解了。

本來爬蟲類的繁殖週期大概是一年一次，在這段期間內，如果順利交配，才會真的「有喜」。

說到野生動物的繁殖週期，在大自然中，牠們的下視丘會感知季節推移與溫差、日照時間長短、有無食物等各式各樣的複雜因素組合，接著向腦下垂體傳送信號，以刺激生殖腺，給予

「必須產卵」的反應。然而，在人工環境下，這種置身在「不自然狀態」的動物則會因為這些因素平衡的崩解，導致生殖循環系統也變得不正常。

最常發生卵阻塞的代表動物包括虎皮鸚鵡，不過我們可以透過調整飼料量來盡可能地抑制產卵。虎皮鸚鵡本來棲息在澳洲內陸地區的乾燥地帶，而且是獵物較為欠缺的地區，所以在進入降雨、開花、結果等食物豐富的時期就會發情。

因此，如果小鳥時常過著有豐富食物的富裕生活，再加上只有自己而感到很寂寞時，只要看到鏡子，就會不假思索地對鏡中的自己產生戀愛之情而產卵。

如果一開始就不提供太過豐富的飼料，讓牠過著樸實的生活，就不會發生卵阻塞的情況。不過對飼主而言，比起避免卵阻塞，不讓寵物過著優渥的生活應該更困難。

我從國中開始飼養二十三年的鬣蜥，到臨終前都沒有生過一次蛋。我有好好餵食飼料，不過還算是讓牠過著樸實的生活吧！幸虧如此，牠並沒有發生卵阻塞的情況，也很長壽。

有心的飼主會努力讓飼養環境接近大自然，然而這很有可能會讓卵阻塞的情況更容易發生，因為無論再怎麼接近自然，還是不可能和自然環境完全一樣。鳥類和爬蟲類一旦被人類飼養，卵阻塞就幾乎是不可避免的宿命。

「太郎」的卵阻塞手術

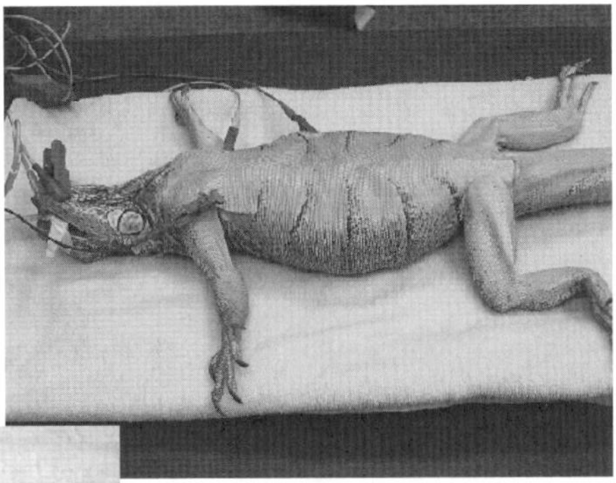

①這隻綠鬣蜥名叫「太郎」，不過已被確認為雌性。

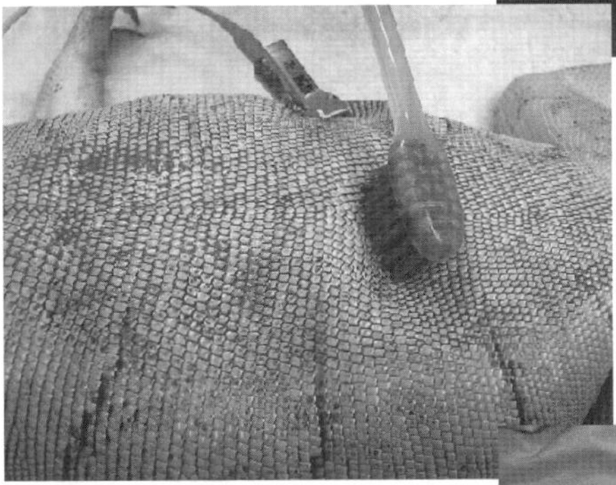

②爬蟲類這類有鱗片的動物，在手術前必須用牙刷把鱗片之間的縫隙清理乾淨。

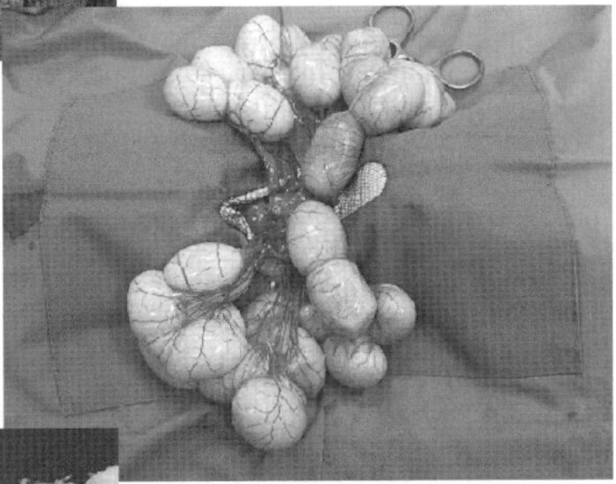

③綠鬣蜥一次會生下二十至四十顆蛋。

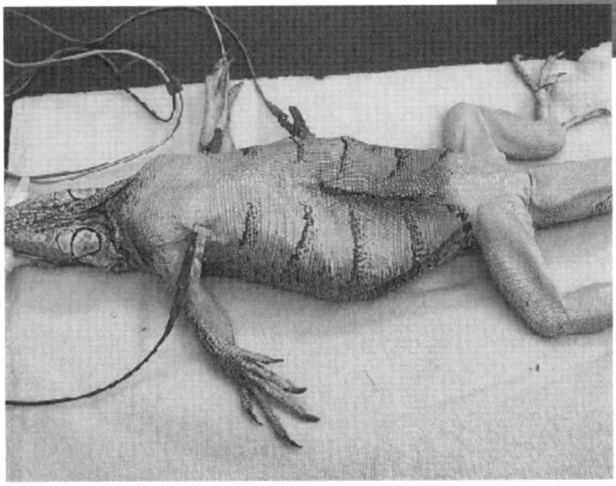

④在取出蛋以後，也一併進行卵巢摘除手術，太郎的肚子變平了！

在蛋面臨難產的情況下，可以施打產卵促進劑。

「咦？是產卵促進劑嗎？」

一說到要為鳥類和爬蟲類施打產卵促進劑，有些飼主會嚇一跳，不過對動物醫生來說並沒有什麼好驚訝的，只是一般會採行的措施罷了。

我們醫院也是，烏龜、變色龍、蜥蜴等發生的卵阻塞情況都不少見，我也會向飼主說明：

「我會使用一種作為人類陣痛促進劑的賀爾蒙，叫做催產素。先看看狀況，如果還生不下來，就要進行剖腹產手術取出了。」

要順帶一提的是，爬蟲類的臀部構造和人類不同，是從尾巴裡一個名為泄殖腔的開口來排尿、排糞及產卵，這也是生殖器所在的地方。如果是雌性，泄殖腔的內側就會有輸卵管、尿道和直腸，會在泄殖腔前端形成三叉路的型態。

如果是烏龜進行卵阻塞手術，把阻塞在輸卵管的蛋從泄殖腔裡擠出來，有時候蛋就會在三叉路口滑進膀胱內，這樣一來就必須切開膀胱，把蛋取出，然後再縫合膀胱。

「啊！真的是……」

這是烏龜才會發生的意外狀況。

絕育手術其實是為了預防疾病

進行結紮、閹割這類絕育手術的目的主要有兩個。其一是不要增加後代，以前的貓、狗進行絕育手術多為此目的，不過現在的家犬、家貓大部分是在室內飼養的，幾乎不會像以前那樣，和你家隔著三戶的雄犬波奇，因為被放養而擅自跑過來與你家的狗交配，讓你一頭霧水地說：「咦？我家的花子什麼時候懷孕了？」

近年來結紮手術的目的，倒不如說是以預防疾病為主。

和鳥類及爬蟲類的卵阻塞一樣，貓、狗只要上了年紀，生殖系統就很容易有問題。特別是寵物類的貓和狗，牠們在二十年前會因為染上各式各樣的疾病，在十歲左右就過世了；然而現今因為在家中飼養、注射預防針、給予更好的食物，因此可以存活二十年左右。過去動物在得到子宮與卵巢疾病之前，就會因為其他的疾病而過世，如今由於壽命的延長，就有可能會得到這類疾病。

兔子的狀況更是如此。兔子是已經完全被馴化的動物，壽命很長，可以存活十年左右。然而，數據顯示，五歲以上的雌兔中就有超過七〇%曾罹患子宮疾病。再者，也有一說是，在活了十年的雌兔中，幾乎百分之百都做過結紮手術。

其中也有像雪貂一樣，在從海外養殖場送來日本前，完成結紮手術的比率幾乎高達百分之百。母雪貂如果沒有交配的刺激就不會排卵，而會持續發情。就算單獨飼養母雪貂也會發情，受到發情荷爾蒙、雌性激素的影響，可能就會造成貧血，進而死亡，因此有必要進行結紮手術。

關於結紮手術，飼主常常會問我：「您覺得進行手術會比較好嗎？」對於寵物愛好者而言，他們往往會覺得為了結紮，而在健康的身體上動刀很可憐，也很違反自然。就某種意義來說，這種說法並沒有錯。然而，在日常的診療中，我每個月一定會看見十歲以上的寵物犬罹患生殖系統疾病，飼主還一邊哭著對牠道歉：「如果趁著年輕時做結紮手術就好了，因為當時我無法下定決心，才讓你這麼痛苦，真的很對不起！對不起！」

我並不認為一定要不顧一切地實施結紮手術。確實，我很能理解要對年輕、健康的動物進行全身麻醉手術很令人不忍，然而事實上，從預防疾病、延長壽命的意義上來看，還是完成結紮手術會比較好。原本我的工作就是要讓動物活得長久，所以就會回答飼主：「還是做結紮手術會比較好！」

我現在養了一隻已經完成閹割的七歲公貓，在牠一歲時，我就為牠動了手術。在做出判斷時，必須有相當的覺悟。

為什麼要切除狗尾巴？

無論是卵阻塞，還是結紮手術，都是我們時常要面對的問題。從某種意義上來說，在「飼養」這種不自然的狀態裡，這也是無可奈何的結果，不過有許多飼主卻打從心底希望寵物可以盡可能自然地活著。

那麼說到底，「自然」究竟是什麼呢？以下的引文會有一點長。如果從《廣辭苑》（第五版）中找出「自然」這個詞彙，會發現上面寫著：「自然而然的狀態。純天然，沒有人為添加，不經修飾。相對於人工、人造物所形成的文化，這是沒有透過人力進行變更、製作、規範，而是自然生成、發展所導致的狀態。就像山川、草木、海洋等人類出生、生活的場所，尤其泛指沒有為了人類生活便利而進行改造的事物。」

那麼，就以寵物的代表——狗為例子吧！在狗和人共同生活這麼長時間的歷史中，牠們經常為了某種目的而被改造。鼻子變短、身體變長、剃除被毛、左右眼的顏色變得不一樣等。鬥牛犬在生產時，由於小狗的頭太大會卡在產道裡，無法自然分娩，一定要剖腹。這種動物在自然界中是不存在的，事實上這種生物非常不自然。

貴賓狗的胸前和腳都會留下一撮毛，看起來很像裝飾，但這並不是為了追求可愛的結果。過去貴賓狗的工作是在獵捕水鳥後要叼回水鳥，因此為了保護心臟不要碰到冷水，才會留下胸前的毛，也有一說是為了增加水中浮力才會修剪成這樣。

至於原本是鬥犬的杜賓犬，為了不讓對手咬到，人們有把牠們的耳朵和尾巴剪短的習慣，這就像是約定俗成般流傳至今，現在的杜賓犬大多還是會被剪短耳朵與尾巴。

最近很流行的玩具貴賓狗也會把尾巴剪短，彷彿依循某種規定一般。曾有玩具貴賓狗在自家生下小狗，然後飼主把狗帶來我們醫院，說：「小狗的尾巴太長了，請幫我剪短。」這是因為要送給別人、或請寵物店收購時，尾巴太長的玩具貴賓狗會顯得「有點奇怪」。

接收小狗的那一方也會有這種感覺，倘若小狗的尾巴很長，便會疑惑地說：「咦？玩具貴賓狗的尾巴不是很短嗎？」既然要帶到表參道或自由之丘，比起尾巴長的玩具貴賓狗，還是尾巴短的在各方面都比較方便，理由就只是這樣而已。「大家不是說盡量自然比較好嗎？」我不禁在心中這麼想著。

在剪尾巴時要進行局部麻醉，由於才出生幾天，用剪刀直接剪還是會很痛。剪下去的一瞬間，小狗會發出「嗚喔」的叫聲。

如果飼主用很強硬的姿態說出「請剪掉」，我倒也無所謂，但是他們「希望可以剪掉」而來到醫院的理由，都不過是「尾巴太長很奇怪」而已。

老實說，這是非常令人反感的工作。

「沒辦法，這又不是我的狗。」我只能這麼想著，然後說：「我要開始了。」接著默默處理完畢後，就讓牠回去了。一般來說，玩具貴賓狗大多不會一次只生一隻，輕輕鬆鬆就能生下三到五隻小狗，因此我必須聽三到五次「嗚喔」的叫聲。我真的很希望飼主可以待在剪尾巴的現場，確實了解自己委託別人做了什麼事。

也有抱怨「狗叫聲很吵，請把聲帶割掉」而前來的飼主，也許大家會認為只要割掉聲帶，狗就不能叫了，也會變得比較安分，但事實卻不然，牠們會用沙啞的聲音叫著，擠出不像是叫聲的叫聲，拚命地發出聲音。

對於這種希望割除聲帶的飼主，我會在聽完對方為什麼想要這麼做的理由後，告知就算割除聲帶也無法讓牠們停止吼吠，之後飼主就會聽見心愛的狗用著不像是聲音的聲音持續地吠叫。經過這樣的說明，幾乎所有飼主都會放棄動手術，不然就是去找不會囉嗦，默默進行手術的動物醫生。

說到類似的案例，還有飼主為了避免危險，而希望把猴子和浣熊的牙齒拔掉；不然就是因為貓會用爪子把家具抓得亂七八糟，而想要實施去爪手術。這是因為寵物造成人類生活上的困擾，所以必須這樣處置嗎？拔除指甲後沒多久，動物的腳趾就會開始腫脹、疼痛，這真的是我很不想做的手術。

我也曾經切除寵物山羊的角。這隻山羊飼養在室內，備受疼愛，但是由於在家裡，山羊角還是很容易造成危險，飼主才希望我予以切除。話雖如此，我也不過是東京其中一間動物醫院的醫生罷了，當然沒有切過山羊角。因此，我非常煩惱要怎麼處理，還一度拒絕了。我想就算不是我，在世界上的某個地方一定還有很熟悉山羊角的醫生。然而，對方造訪很多家醫院，發現依然沒有人願意處理，於是再度回來找我，我也只好勉強接受。

家畜山羊的角必須用非常大的鉗子來剪掉。由於會噴血，因此要用燒得通紅的烙鐵緊緊抵住，牠有可能會因為疼痛而變得暴躁，或是出血死亡。不過，我們對寵物山羊不能這麼做，這時候要進行全身麻醉，用外科用的鋸子切斷山羊角後，再用雷射止血。

無論是剪斷狗的尾巴、拔掉猴子的牙齒，還是切掉山羊的角，說到底都只是為了人類的便利。為了配合這種便利，究竟得要求動物到什麼程度，對此有很多不同的價值觀與想法。像是德國、丹麥、荷蘭等承認動物權的歐洲國家，在法律上禁止替狗剪尾和斷耳。如果有這樣的規定，做法就會很明確，但是日本卻還沒有制定這類法規。

我認為把動物當成寵物來飼養是人類的自私，也是人類的業障。基本上，這非常不自然，對動物來說，飼養行為也造成牠們諸多的不便。然而，我卻不能站在肯定或否定這種行為的立場，因為動物醫生的工作就是在飼主覺得「必要」時視為必要，只要有必要，我也必須拚命思考如何進行從未處理過的山羊角手術。

我的工作就是讓人類的業障——寵物們好好活下去。我唯一能說的，就是除非有特殊的理由（例如為動物延長壽命反而造成牠的痛苦），否則我不會執行會讓動物壽命縮短的醫療處置。

即使如此，人類還是會飼養寵物，我也和這種「人類的業障」密不可分。我只不過是無法跳脫「人類」這個框架的其中一人，在人類社會裡生存著，今後亦然吧！畢竟，我也無法變成像人猿泰山那樣……。寵物、人類和自然或許就是如此矛盾的存在。

第四章

關於飼養生命這件事

- 撿回來的野鳥由誰飼養？
- 動物並非生而平等
- 獸醫界也會搞混的野生寵物與野生動物
- 野生動物的飼養風險
- 隨意飼養，導致營養失調的懶猴
- 飼養動物必須循序漸進
- 牠們是被「馴化」了，還是「習慣」了？
- 重新思考「飼養」的意義

撿回來的野鳥由誰飼養？

在醫院二樓的野生動物病房裡，住著本來應該生活在野外的山鳩和烏鴉，這背後其實另有隱情——有時候，會有人把路邊的受傷野鳥帶來醫院。

「醫生，能不能幫忙想想辦法呢？」

真的是很善良的人啊！然而，鳥會倒在路邊、飛不起來是有原因的，假如是開放性骨折，只要用針線接合翅膀的骨頭，讓牠休養就能痊癒，治療也全部都是免費。然而，很多時候，這麼做還是無法讓鳥類的的翅膀復原。也許大家會覺得，只要帶來醫院就可以讓牠重獲飛翔的能力，不過這並不是必然的，牠可能會從此成為籠中鳥。

「如果牠還是飛不起來的話，你要怎麼辦？」如果我這麼問，有很多人會回答：「咦？我只是把牠撿起來，然後帶來醫院而已。」

「如果牠依然不能飛，我希望撿來的人能夠負起責任飼養牠。」

「為什麼我非得飼養不可呢？我們家不能養鳥。」

「那麼，是要由我代替你來飼養牠嗎？」

「呃，我的確是這麼想的……」

「如果我得保護所有被撿到的鳥，醫院很快就會被野鳥塞滿了。」

聽了這段對話之後，有人會直截了當地說：「那麼由我來養吧。」也有人會生氣地表示：「我只不過是把牠撿起來而已！」然而，如果你拾起了這個小生命，就要對牠負責。感到憐憫是值得鼓勵的，也象徵了日本的富庶，但是思考接下來怎麼面對這個生命更加重要。

如果野鳥因折翼而跌落地面被天敵吃掉，死亡後回歸塵土，都是自然的天意。此外，弱小的個體死亡，才能控制野鳥的整體總數，如果只有單一種類的鳥類數量增加，就會彼此爭奪食物，導致整個族群的力量減弱。

這隻鳥確實很可憐，但是死了一隻鳥，卻可以拯救好多其他的生命。如果你認為這隻小鳥很可憐，就親自接手來照顧牠，即使有什麼難處，也可以尋找能夠照顧這隻受傷小鳥一生的人或機構來協助。這聽起來很冷漠，然而只要是握在手中的生命，就應該負起責任。

說到野鳥，每年五月，常常會有人認為野鳥的雛鳥應該會從巢中掉下來，而前去試圖「保護」牠。然而，其中有九成都是所謂的「離巢雛鳥」，正在為了長大而進行飛行訓練。親鳥會在遠方好好觀察這些雛鳥，有時候也會送食物過去。雛鳥並不是因為生病或受傷，也並非單純地從巢中掉落。

我只要這麼說明，總會有人回答我：「又沒有看見親鳥！」、「就算如此，再這樣下去也會被蛇吃掉的！」這只是在把自己的行為合理化吧！看到人類的影子，親鳥當然會隱而不現；就算離巢的雛鳥被蛇吃掉，對蛇而言，也是很珍貴的一餐，也有可能蛇不吃那隻雛鳥就會因此餓死。

因此，從各種意義上來說，「保護」離巢雛鳥都和「誘拐」沒有什麼兩樣。由於一般人不了解野鳥的生態，也無怪乎會這麼做，但這都是出於社會對理科教育的欠缺理解。每個人從幼年時期開始，就一直被教導著「生命是平等的」，因此只要看見羸弱的動物，就會自然而然聯想到「牠好可憐，我應該要幫助牠」。

現在再回到醫院中的山鳩與烏鴉吧！牠們已經無法治療，再也飛不起來了。由於帶牠們過來就診的人說：「在我做好飼養的準備之前，請先讓牠們寄住在這裡。」所以我才讓牠們暫住在醫院裡，不知不覺中也已經過了一年了。想必對方一定是在準備非常豪華的飼養設備吧！我非常有耐心地等待著。

一、動物並非生而平等

當我說到「飼養動物」和「人與動物之間的關係」時，所謂「動物」的定義就會顯得非常重要。日本所謂的「動物」就如同下一頁的圖表，依照種類區分，大多都會分成「野生動物」、「馴養動物」及「展示動物」等。

「野生動物」是指熊、山豬或麻雀等在野外生活的動物；而所謂的「馴養動物」，是指持續和人類保持關係的動物，可以分成「經濟動物」、「實驗動物」、「寵物」、「展示動物」。

在馴養動物中的「經濟動物」，是指其勞動力和生產物（肉、牛奶等）有利於特定產業，包含馬、牛、羊、雞、養殖魚類及競賽馬等家禽和家畜；而「實驗動物」是指要在人類和其他動物身上使用新藥物或新設備之前，必須先在這些動物身上進行實驗，以確定不會發生問題；至於「寵物」，就是各位所飼養的可愛動物了。

「展示動物」是以教育和保存品種為目的，而在動物園、水族館展示的動物，還有因為受傷被保護，或是基於各式各樣的理由，而持續被飼養的野生動物。

至於「非野生也非馴養的動物」，例如在日本已經完全馴化的外來種——獴、浣熊及海狸

日本的人類與動物關係

- **動物**
  - **野生動物** —— 生活在大自然中的動物
  - **馴養動物**（和人有關係的動物）
    - **經濟動物**（牛、豬、雞、養殖魚類、養殖蜜蜂、競賽馬等）➡ 為了經濟目的
    - **實驗動物**（老鼠、小白鼠、青蛙等）➡ 為了實驗目的
    - **寵物**（狗、貓、野生寵物）➡ 為了療癒與興趣
    - **展示動物**（動物園與水族館的動物、受傷的野生動物）➡ 保護野生動物，保全自然遺產
  - **非野生也非馴養的動物** —— 外來種、流浪貓等

- **寵物**
  - **狗、貓**
  - **野生寵物**
    - **當作寵物的動物**（兔子、倉鼠、雪貂、絨鼠、鳥、在人工培育下繁殖的爬蟲類及兩棲類、金魚等）
    - **從野外捕捉而來的動物**

> 飼養這些動物的問題點
> - 培育困難，需要知識和技術
> - 可能帶有未知的疾病
> - 造成野生動物減少

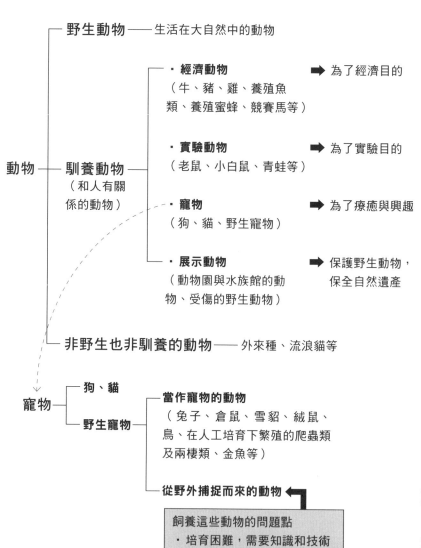

鼠等。此外，已經野生化但並非生活在原始棲地的流浪狗和流浪貓，也應該都屬於這個類別。學校都會教導大家，動物的生命很重要。然而，在對待「野生動物」、「馴養動物」、「非野生也非馴養的動物」各種生命之間卻極不平等。

許多競賽馬一旦無法再奔跑，就會立刻遭到捨棄；染上口蹄疫的牛，也一定會遭到撲殺。為了保護其他健康的牛隻不要生病，以及維持肉品、牛奶的生產品質，這是必要之惡，但就算人類罹患不治之症或是會傳染的疾病，我們也不會加以誅殺。

實驗動物從飼養環境的溫度、濕度、飼料到水、空氣，都會非常嚴密地控管，只要使用某種血統的老鼠，就必須產生某種結果。如果像寵物那樣任意交配，從實驗動物身上得到的數據在科學上就沒有意義了。而在實驗結束以後，牠們也絕對無法存活。

然而，同樣是老鼠，也有那種被人類極度疼愛的寵物鼠，會送到動物醫院動手術、會祈求牠恢復健康，多活一天是一天。

在沖繩，人們用來擊退眼鏡蛇的貓鼬，就是透過人為方式刻意放養；然而，後來發現牠們比眼鏡蛇更能輕易捕捉到沖繩秧雞等當地鳥類，並且以這些鳥類為主食，因此轉而積極地捕殺貓鼬。就如同以上所說的，生命並沒有得到平等對待。

以前為了保護那些生活在公園水池裡，被人用油漆在龜殼上寫著「我是烏龜」的烏龜，公園管理員會連日對其進行追捕。然而，水生烏龜的殼長大後會自然剝落，只要冷靜思考，其實就算牠們被寫上「我是烏龜」，本身既不會發現，也不會被其他的烏龜嘲笑。

總的來說，我們絕對不該對動物做出這種惡作劇，只是問題也就在於此，並不需要像如臨大敵一般地勞師動眾。對烏龜來說，連續好幾天被人追捕也是一大壓力，受到保護的烏龜又要被飼養在比水池還要狹窄的地方，從烏龜福祉的觀點來看，這並不是什麼好事。

另一方面，關於要不要吃掉小學裡飼養的豬，也一度成為話題。某間小學的一個四年級班級決定飼養一隻小豬，幫牠取名、餵牠吃剩飯，像對待寵物一樣地疼愛牠。到了六年級，面對即將到來的畢業典禮，在某天討論後，大家以無法再繼續飼養牠為由，決定把牠送到屠宰中心。

基本上，養殖家畜的人們不會只飼養一頭豬，還幫牠取名，當成寵物一樣來對待。他們會餵食豬隻專用飼料，如果要宰殺，飼養半年後就會送到屠宰場。這就是把食用豬與寵物豬混為一談的案例。

如果像農場這麼有效率地飼養，每天日以繼夜地努力產出品質良好的肉品，以達成最終的食用目的，這樣的做法還可以理解。然而，大人們卻弄得像讓小孩自行購買小雞，還為小雞取名為「小皮」，每天疼愛牠，等到小皮差不多長大了，就在某天宰來吃。對小孩來說，這會是難以忘懷的陰影吧！

食用雞隻會用專門的設施來培育，等時間一到就進行宰殺，這才是家禽的正確生存方式，而不是如同飼養寵物一般對待，之後再把牠吃掉。我認為，吃掉牠們完全無法稱為學習生命的可貴或食物教育，這當然也有足以傳為佳話的一面，但實在是難以說得清。

獸醫界也會搞混的野生寵物與野生動物

就算稱為「寵物」，在日本的獸醫界裡，貓、狗和其他類型的「野生寵物」也有很大的差別，而「野生寵物」會進一步分成「當作寵物的動物」與「野生動物」。前者為兔子、倉鼠、雪貂、絨鼠、鳥，以及在人工培育下繁殖的爬蟲類及兩棲類、金魚等，牠們透過人工繁殖，完全是在人類的控制下出生，由於無法逃走，對野生生態系也幾乎沒有影響。

墨西哥鈍口螈就是其中之一。順帶一提，以生物學的角度來看，必須稱為「墨西哥鈍口螈的幼態延續」更為精準。幼態延續又稱為幼態持續，是指身體尚未成熟，以幼年的型態卻可以進行繁殖，是在動物界裡為數不多的奇特動物。如果因為某些契機，牠們罕見地「好好長大」，作為明顯標誌的鰓就會縮起，而後到陸地上生活，變成和蠑螈完全不同的形態。

說起墨西哥鈍口螈，其實牠在故鄉墨西哥是瀕臨絕種的稀有動物，列入《華盛頓公約》（Convention on International Trade in Endangered Species of Wild Fauna and Flora, CITES）（請參考第八十六頁）的附錄二之中。由於人工繁殖技術的確立，使得大量繁殖的蠑螈變成寵物，而在市面上流通，也因此培育這個品種完全沒有法律上的問題。同樣地，齧齒類動物絨鼠在原產地安地斯山脈也瀕臨絕種，同樣列在《華盛頓公約》的附錄一裡，以寵物身分問世者，有百分之百都是人工繁殖而來。

至於從野外直接捕獲的「野生動物」，除了在培育上極為困難之外，若是一直毫無管制地持續濫捕，數量就會減少。

現在陸龜是非常受歡迎的寵物，也有很多女性飼養，不過大部分的陸龜都是從野外抓來的。好幾個月前（上週也有）就有陸龜被當地人像撿石頭般從路上拾起，塞進木箱裡再寄送到日本。

在牠被送到寵物店販賣後，逛街的姐姐們看到牠，就會說：「哇，烏龜好可愛！說起來我從小就很喜歡烏龜呢！沒想到可以在陸地上飼養，可以餵牠吃蔬菜就好，真是太棒了！」然後就買下牠了。

當然她們什麼功課都沒做，只是囫圇吞棗地看了一些網路資訊後就開始飼養了。烏龜總有一天會生病，然後飼主就會哭著來醫院。「不，最該哭的應該是牠從最原始的大自然被帶來日本那時候才對吧！」我都會這麼想著。

我經常會被飼主詢問「野生動物的飼養方法」，在談到這件事情時，必須先討論「是否想要飼養真正的野生動物」，而不是「是否想要飼養野生寵物」。

然而事實上，即使是在獸醫界，大家也沒有充分理解在「野生寵物」中，還包含了「當作寵物的動物」和「從野外捕捉而來的動物」。

雖然有許多動物醫生都會參與的大型學會，但是就連我所屬的研究會都只是為了演講才參加。學會申請書上標示著「內科」、「外科」、「腫瘤科」、「眼科」、「泌尿科」等各種選項，我圈選了幾個符合自身領域的選項，然而上面並沒有「野生寵物」，硬要說最接近的就是「野生動物」或「其他」了。

當我詢問學會人員：「我的研究會是屬於『其他』嗎？」對方回應我：「應該是『野生動

物』吧！」可是，我報名的演講內容是「兔子的疾病」，但兔子並不是「野生動物」。

前幾天，我在報紙上看到「反對將野生動物當成寵物飼養」的投書，談論的是把不適合當寵物的各種外來生物，當成寵物來飼養的問題。

談到「不適合當寵物的外來生物」，文章舉出的例子包括「稀有哺乳類、爬蟲類，以及甲蟲、鍬形蟲等昆蟲類、熱帶魚」等。飼養這些就是「無視於先人的深謀遠慮，基於人類本身的欲望造成飼養的風潮」、「可能引發動物本來沒有的高致死率疾病」、「不僅虐待動物，也違反自然法則，根本就是帶給許多人困擾的行為」。

我大概可以察覺到文章沒有說出來的事情是什麼，不過光是這麼簡短的內容，豈不是會讓一般人誤以為稀有哺乳類和爬蟲類都是野生動物嗎？

把「可能引發疾病」連結到「不能飼養」，可能只有我覺得這是一個似是而非的理論吧！現在有很多的甲蟲、鍬形蟲及熱帶魚都是人工養殖出來的，培育的設備也非常完善。把飼養這件事情當成是虐待、違反自然規則、無視先人的深謀遠慮，我想這個論點在理論上未免太過跳躍式思考了。

野生動物的飼養風險

話雖如此，近年來的確有越來越多的動物源性傳染病成為話題，因此當然要進行風險管理。動物源性傳染病又稱為「人畜（人獸）共通傳染病」（Zoonoses）。這是從以前就存在的問題，並非現在才有。

很多時候，我們都會被身邊的動物傳染病症。小貓和小狗經常感染的皮癬菌症，會傳染給密切接觸的人類，症狀為皮膚變紅，但感染的人並不會死亡。

近來，貓、狗身上的犬咬二氧化碳嗜纖維菌所造成的新傳染病，也造成了一段話題。這個病狀會長期出現在動物（主要是貓、狗等）的口腔內，只要被牠們咬傷或抓傷就會遭到傳染。如果免疫力低的人感染且發病的話，死亡率是三〇％。

大家都知道烏龜身上有沙門氏菌。另外也有報告指出，除了烏龜以外，牛、豬、雞等體內也含有一〇％到三〇％，貓、狗則有三％到一〇％的沙門氏菌。如果孩子把小綠龜放到嘴裡，就會因為沙門氏菌而造成腹瀉與發燒，最糟糕的情況還會致死。因此，美國食品藥品管理局（Food and Drug Administration, FDA）禁止販賣四英寸以下的烏龜，以免小孩放進嘴巴。

說到野生寵物，特別是來路不明的珍禽異獸，一定要事先理解會有人畜共通傳染病的危險性。引起愛滋病（AIDS）的人體免疫缺乏病毒（HIV）源於非洲的猴子，而嚴重急性呼吸道症候群（SARS）的自然宿主則是分布在歐亞大陸的一種蝙蝠。即使在自然宿主身上沒有發病，然而一旦感染其他的動物，像是人類，也有可能會發病。

因此，無論可能性再怎麼低，如果想要飼養野生動物，就一定要在充分了解這些風險後才能飼養。不過，如果從機率來說，同樣是每天密切接觸，人類疾病傳染給人類的可能性會更高。換言之，被全然陌生的對象搭訕後就馬上發生關係的女高中生應該更危險。

只要好好考慮過這個層面，就可以飼養珍禽異獸。飼養這些生物是不允許嘗試與失敗的，就像去有旅遊警示和沒有導覽的地方旅行一樣，必須自負責任。最重要的就是要深入了解，保持合理的距離。外行人是不能飼養珍禽異獸的。

與過去相比，「不適合當寵物的外國野生動物」流通於市場上的種類減少很多。近年來，為了防止鼠疫，政府禁止進口草原犬鼠。有很多草原犬鼠的瘋狂愛好者希望能夠再度開放進口，但是以現狀來說十分困難。蝙蝠、狐狸、野生齧齒類動物同樣帶有人畜共通傳染病，因此在進口上也有相關規範。

此外，就連和人類很相近，會感染同樣疾病的寵物猴也停止進口了。如果現在要販售猴子，必須是一直在日本飼養或人工繁殖出來的，不然就只能走私了。

約莫在一九九〇年代初期，是個野生寵物蔚為風潮的時代。當時像是環尾狐猴、倭狨（世界上最小的靈長類動物）、樹懶、犰狳、臭鼬這種只能在動物園看到的珍禽異獸，也普遍在市面上販賣。真正的珍禽異獸不是很臭，就是只吃特殊食物、絕對無法馴服、飼育非常困難等，因此還是只有少部分的人能夠飼養。

隨著時代變遷，寵物店也漸漸不再販售那些銷路不好的動物了，現在一般會販賣的動物大多是在歷經這些規範和時代的風潮，經過某種程度篩選後才留存的種類。不用我們擔心，牠們也會因為社會的評斷，而停止被交易的命運。

如果要論及飼養野生動物的是非對錯，我恐怕還是希望不要飼養比較好。但是，其實還有另一種思考方式，就是人類在地球上究竟處於什麼樣的位置。

如果把這些動物當成生態金字塔中的一員，就不該予以飼養；如果為人類自認是超越萬物的存在，也不歸屬於自然生態系，想要飼養什麼就飼養什麼，這大概就是「人類的業障」吧！這也令人無可奈何。

我自己養過各式各樣的動物，現在依然持續如此。這是因為我很喜歡動物，但基本上我只會飼養那些在人工培育環境下繁殖的動物，而不會飼養一些珍禽異獸。

大家常說要珍惜、保護野生動物，不過我認為要不要保護其實都只是人類的想法而已。此外，是否飼養也只是配合人類的便利，對野生動物都只會造成額外的困擾。

如果你對牠們有感情，也許會認為現在說這些都已經太晚了。野生動物絕對不會接受人類，而人類畢竟是人類，就算內心充滿這樣的矛盾，還是只能延續這個「業障」了。

隨意飼養，導致營養失衡的懶猴

既然決定飼養野生動物，就代表飼主已經知道那是從野外捕獲而來，必須好好照顧牠。然而，有很多人是因為覺得動物稀奇就養，在沒有足夠知識的情況下讓牠生病，然後來到醫院。

懶猴就是這樣的例子。牠們非常可愛，也經常出現在電視上。由於有超人氣女星在飼養，牠們的知名度才因而提升。其實早在二〇〇七年，懶猴就被列入《華盛頓公約》的附錄一裡。《華盛頓公約》的正式名稱是《瀕臨絕種野生動植物國際貿易公約》，不過還是《華盛頓公約》這個名稱比較廣為人知。附錄一到附錄三囊括了不同等級的動物，列入附錄一的動物，除了學術目的等部分原因以外，禁止在國際間貿易。因此，懶猴和大熊貓、紅毛猩猩的待遇相同，在國際貿易上都有著嚴格的規範。

不過，如果是經由人工繁殖的個體，只要有執照就可以進行買賣，有時候連走私販子都會以人工繁殖個體來假冒充數。

以前像這樣的生物，都是由那些飼養各種珍禽異獸的少數狂熱者偷偷飼養的，然而到了現在，懶猴變得大眾化，藝人也常常帶著牠們上電視，而看到這一幕的年輕女孩就會說著「好可愛」，然後跑到寵物店購買。懶猴的價格大約二十萬至三十萬日圓，雖然並不便宜，但也不是無法負擔的價格。

只要去寵物店購買，店家大多會說：「這是在日本出生的。」然而，實際上又是怎麼一回事呢？懶猴一次只能生下一到兩隻後代，這麼受歡迎的珍禽異獸，牠的繁殖供給真的足以負荷龐大的需求量嗎？

不曉得一般人飼養的懶猴有沒有附上輸入登記證呢？恐怕全世界最喜歡把懶猴當成寵物飼養的國家就是日本了。買方認為這是商品，就不疑有他地買下，更糟糕的是，有很多人都是在不了解牠的生態和飼養方法下購買的，不過這大概也是無法避免的。

再加上懶猴是一種長得非常可愛的猴子，大家會以為牠們只吃「可愛的食物」，因此餵食香蕉之類的水果，然而野生的懶猴其實是會把蜥蜴或蚱蜢從頭整個吞掉的。

持續只給「可愛食物」的結果，常常會導致牠們營養失調而就醫。近年來很流行的蜜袋鼯也是如此，野生的蜜袋鼯會吃蟲等食物，飲食中的三〇％到五〇％都是動物性蛋白質。但是，由於看起來太過可愛，有很多人只餵食水果和堅果，最後就帶來醫院看病了。「這是因為飼料的選擇太少啦！」我在心裡這麼想著。順帶一提，所謂的鼯鼠雖然是齧齒目松鼠科，但蜜袋鼯卻是屬於有袋類的袋鼯科，是袋鼠的同伴，因為營養失調、骨頭蜷曲，而導致佝僂病的患者可以說是層出不窮。

接著，我就會讓飼主觀看牠們在野生環境下吃蚱蜢的照片。

「你必須餵食牠們飼料用蟋蟀那一類的蟲子才行。」

「不可能，絕對不可能！」

「如果要飼養這麼特殊的動物，你就必須習慣在冰箱裡放滿蟋蟀罐頭。」

又或者是：

「如果蟋蟀不行的話，至少也要讓牠們吃蜜袋鼯專用的食物。」

「啊！我給了，但是牠好像很討厭，完全不吃……」

這種對話在平常不斷出現。

既有那種對寵物哭著說「對不起」，並且努力改變的飼主；也有堅決說著「不可能」，而再也不來醫院第二次的人。

這些野生動物雖然外表討喜，有時候一旦飼養了，才會發現牠們其實很凶暴，根本不受控制。特別是猴子，牠們的表情非常豐富，可愛得無與倫比，只要這惹人憐愛的模樣進駐獨居女子的心中，她們就會想著：「養養看吧！」

然而，事實上牠馬上就會咬人，也不會記得廁所在哪裡。即使你被咬了好幾次，如果每天沒有好好陪伴牠，牠還是很難變成會讓你抱著、讓你撫摸的馴服狀態。動物不馴服就一點也不好玩了，再加上無法控制，結果只好把牠關在籠子裡。當時到醫院就診的好幾隻松鼠猴，都是因為一直被關在籠子裡，導致肌肉力量下降，再加上只吃香蕉，因而造成佝僂病，連背脊都變得彎曲了。

也有前來醫院的飼主是因為猴子太凶暴，無法取下項圈，只好讓牠一直長大下去。我施打麻醉藥劑，協助移除項圈，但是因為項圈太緊，猴子脖子的肉都被勒得凹陷了。

要飼養猴子非常困難，牠的智商很高，又會做一些靈活的攀爬動作，因此需要空曠的場

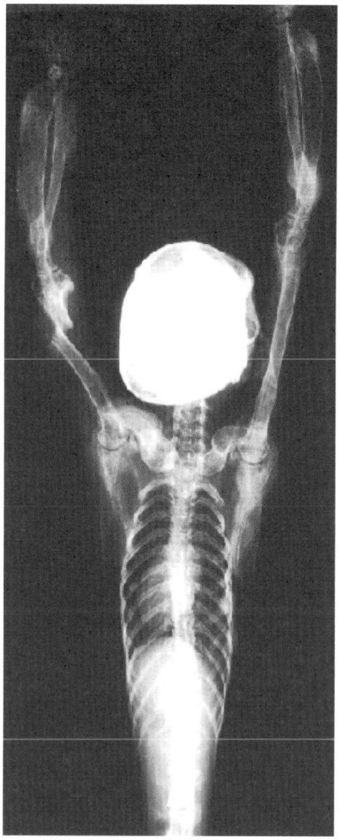

松鼠猴的X光照片。前肢關節和腳的骨頭膨脹起來造成許多空隙，這是因為營養失調、運動不足和缺乏紫外線等原因所引起的，變成這樣的骨頭就再也無法復原了。

地。我擔任某位耍猴人所飼養猴子的主治醫師，曾經到他們的練習場出診，發現猴子和人一樣，每天都會拚命進行嚴峻的訓練。出現在電視上的猴子，是這群猴子中最頂尖的運動員，一般人本來就沒有能力飼養，必須做好犧牲個人生活的覺悟。

飼養動物必須循序漸進

根據日本現在的狀況，不僅是猴子這類的動物，只要付錢，再特殊的動物都可以買到。因此，有些從出生以來連金魚都沒有養過的人，突然就購買相當難養的變色龍；或是連狗都沒有摸過的國中生說著：「我想要養很厲害的狗！」然後就挑選比特鬥牛犬飼養。在美國的某些州和英國、丹麥等地都禁止飼養比特犬，德國則是會根據不同的邦而制定鬥牛犬飼養規則、飼養登記制度等規範。

另一方面，日本對於可能會危害人類的動物，則制定名為「特定動物之飼養與保管許可制度」的法令，由法律來規範飼養的相關規定。然而，就現階段而言，很難肯定該項法規的效果是否已經充分發揮。

一種原產於南美洲的蛇——紅尾蚺也被列入「特定動物」（危險動物）中，必須取得都道府縣知事的許可後才能飼養，也一定要準備非常嚴密的飼養設備。不過，其實紅尾蚺很溫馴，就算逃出來，對人類的殺傷力也很低；但若是比特犬逃脫，一旦咬傷人類，人類就很有可能會死亡。事實上，以前就曾發生因為土佐鬥犬而引起的死亡事件，但是飼養這些動物時卻沒有法律規範。

「飼養」是一門技術，必須從小時候飼養金魚等動物開始，就算再麻煩也要替牠們換水、好好照顧牠們，不然就會死掉，你必須親身體會飼養生物的感覺。

若非如此，什麼都沒養過的人在長大成人後，才突然開始飼養兩個月大的小狗，就會因為網路上說每天早晚給兩次飼料就好，然後囫圇吞棗地吸收這些知識。小狗和人類的嬰兒相同，一天必須給好幾次飼料，如果一天只給一、兩次，自然會引起低血糖的狀況。

飼養必須循序漸進和累積經驗。這不是硬性規定，不過從金魚開始飼養，再好好照顧吉娃娃、西伯利亞雪橇犬，而在知道怎麼飼養西伯利亞雪橇犬之後，再飼養比特犬等動物會比較好。完全沒有養過狗的人，如果一開始就養比特犬，就好比空有駕照、沒有上路經驗，卻想要開藍寶堅尼（Lamborghini）一樣危險。雖然法律並沒有明定不能駕駛，但還是別這麼做會比較好。

因為一時興起而購買是最不可取的，就算是一時衝動而買了汽車，也不會為汽車造成困擾，但生命卻是要每天維持的。如果被飼養的那一方受到了影響，到最後自然也會波及飼主本身。

牠們是被「馴化」了，還是「習慣」了？

我已經一再重申，理論上要飼養野生寵物是很困難的，牠們往往會不明原因地突然死亡。這些動物大多都是在大自然中的小生態環境裡生存，對環境和食物都有特定需求，更極端地說，牠們就是要在這樣的環境下才能存活。

牠們不會想著「無論再怎麼惡劣的環境也要努力活下去」，而是「環境糟糕到我快活不成了」。特別是稀有爬蟲類與兩棲類等，常常連一次飼料都沒吃就死了。

此外，受過馴養的草食動物——兔子也是，即使牠今天很有精神地吃著飼料，也有可能在隔天就暴斃，這恐怕是因為牠們的生命力太弱（這時候我只能用非科學的表達方式，真的非常抱歉），要是被其他的肉食動物看到自己的弱點就會被吃掉，還不如死命裝出一副很正常的模樣，直到生命到達盡頭。因此，飼主和動物醫生對於兔子總是抱著如履薄冰的戒慎。

倉鼠的身體很小，無法適應太大的環境變化。在炎熱的夏天和寒冷的冬天，光是把牠們放在沒有空調的房間裡待上半天，就很容易熱死或凍死。

不過，有沒有可以簡單飼養的野生寵物呢？其實還是有的，就是在人工繁殖下出生的蛇，只要供給冷凍老鼠當作飼料就好，每隔一週或兩週把解凍的飼料用老鼠丟進去餵食即可，另外還要供給水。光是如此，牠們就可以輕輕鬆鬆地存活二十年。而牠們的糞便週期也和飲食一樣，兩週才會排泄一次。

即使飼養在水槽裡，牠們也不會覺得空間狹窄。如果在繁殖季節把雄蛇和雌蛇放在一起，馬上就會交配並且生蛋。

狼蛛也是，只要選對種類，就是很好飼養的動物。狼蛛以具有毒性為人所知，不過實際上毒性並沒有很強，在正式紀錄上也沒有人因為狼蛛而死亡，在美國和德國，牠是非常受歡迎的寵物，只要一週餵食一次蟋蟀即可，接著就是照顧牠、愛護牠。牠們不會注意到自己正在被窺視，只是也無法被「馴服」，不過是「習慣」被飼養的感覺而已。

我自己也養了兩公釐大小的狼蛛，並且花費三年的時間讓牠長到二十公分。要順帶一提的是，牠們的壽命長達二十年。也許這種想法有些傲慢，不過若是從生物學探討，只要正常地飼養，就不會形成太大的壓力。

常常會有人問我，蛇和蜘蛛「會不會被馴化」，我的回答是「不會」，或是「不能從一開始就想著牠們可以被馴服」，不過牠們會稍微有些「習慣」。只要你了解並不是只有能夠馴服的才是寵物，在尋找和自己個性與生活型態匹配的寵物時也能當作參考。

話雖如此，還是有很多人在追求馴化的可能。有人說只要由女性飼養，蛇就會被馴化。據說大多時候，如果飼主靠近，大型蛇類就會發出嘶嘶聲，然後把頭伸過來，但是只要飼主說：「沒有食物喔！」牠們又會發出嘶嘶聲，然後退回去。

變色龍也是很受女性歡迎的野生寵物，雖然只要牠們一爬到人類的手上，就會用爪子緊緊抓住，讓人覺得非常疼痛，不過要是牠們抓的人是飼主，似乎就會輕一點。然而，搞不好這只是因為牠們「習慣」飼主對待牠們的方式，因此得以安心地抓著，覺得不用特別抓緊也無所謂。蛇也一樣，或許牠們不過是認識並「習慣」總是會給牠們食物的人。

正因為牠們是無法溝通的野生寵物，很多飼主就會像跟蹤狂一樣，一直盯著他們的寵物看。這樣一來，根據動物的種類不同，被看著的那一方可能會感受到極大的壓力。

兔子原本就不喜歡被大型動物看著，因為牠們會覺得好像被老鷹盯著一樣。因此，當牠們因為生病而變得虛弱時，只要給予最低程度的照料，之後就放任不管會比較好。

或許一直看著、稍微撫摸一下牠，飼主會覺得比較安心，但是這可能反而會對動物造成不良影響。就算我說：「放著別管吧！」飼主也不會聽我的話，我越這麼講，就越會被討厭，這些飼主還真是緊迫盯人啊！

說到我自己，在小學時曾經非常用心地飼養一隻蠑螈，卻因為我不斷打擾而害死了牠。我以為牠到了冬天要冬眠，於是就把牠放在裝著土壤的水缸中，但是牠也不鑽進去。這是當然的，牠們不會馬上就鑽進土裡，而是會先尋找可以鑽的地方，再挖洞把自己埋起來，然而就在我打擾牠的這段期間，這隻蠑螈就過世了。蠑螈藉由死亡來告訴我，我的強迫想法只會適得其反。

我從此學習到，就算蠑螈沒有如我預想地鑽到土裡，自己也要冷靜地觀察動物，忍住干涉的欲望。

也許這種說法有點武斷，不過在飼養貓、狗時，稍微大而化之一點也沒關係。飼料只要用市面上販售的專用食物即可，如果牠們今天很有精神，明天多半也會如此。假使沒有特別原因，既年輕又有活力的狗不會某天就突然狀況惡化，半天過後就死亡。萬一身體突有不適，趕快帶去附近的動物醫院就好了。

同時，我們必須花費非常多的時間和牠們接觸，進行更多的溝通。自古以來，狗和人類就是好夥伴，貓也與人類社會密不可分。如果把貓、狗當成寵物，我們可以用各式各樣的方法拉進彼此之間的關係。野生寵物不可能輕易超越與人類有著長久相處歷史的狗和貓，很遺憾的是，基本上牠們也無法取而代之。

重新思考「飼養」的意義

飼養寵物，當然就是要好好把動物當成生命來看待，畢竟牠們不是物品，也不會和我們有著一樣的想法。

悉心疼愛、投入關注很重要，有時候這會勝過治療。如果不把牠們當成生命看待，只憑著人類自身的想法揣測：「我們家的孩子一定是這麼想的。」這就真的很奇怪了。

例如，有一隻陸龜的飼主對我說：「這個孩子一直撞擊飼養缸，好像很想出來的感覺。」市面上販售的陸龜大多是從野外抓來的，直到不久前，牠們都在沒有牆壁的大地上生活著，因此，牠們就會因為想要前進，而一直撞擊缸壁。

其中或許有些陸龜還記得所謂的出口，才會想要出來，不過牠們大多只是不曉得「透明玻璃」是什麼，因而想要繼續前進罷了。如果你詢問：「牠好像很想要出來耶，這是為什麼？」我就會認為：「你也太缺乏想像力了吧！」

也有一些飼主習慣進行量化，例如，兔子的糞便今天有幾顆；或是說到烏龜吃的飼料時，也會詢問：「昨天吃了二十五顆，今天只吃二十顆，這樣沒問題嗎？」諸如此類的問題。

由於飼養野生寵物常常會有這種戰戰兢兢的感受，我很能理解飼主甚至連糞便都要細數的心情。從數字來看，這確實和昨天不一樣，但是只要多觀察幾天，應該就可以區別出究竟是不是異常狀況了。牠畢竟是生物，如果硬要用數字衡量，就不是真的在替動物思考了。

前幾天，有一隻啄羽的小鳥來醫院就診。那是一隻葵花鳳頭鸚鵡，據說已經飼養十二年了。十年來明明一直沒問題，但是兩年前開始飼養貓、狗後，飼主就把原本放養的牠改成放進籠子裡飼養，後來這隻葵花鳳頭鸚鵡就開始啄羽了。其他的動物醫院對飼主說，為了避免牠繼續啄羽，必須在脖子圍上項圈，不然就是給予維他命，但是如果沒有根除造成壓力的原因，要治好是很困難的。

我找熟悉的鳥類專科醫師討論，才知道鳥類啄羽其實是紓解壓力的一種方式，小鳥的腦內會產生興奮物質，對牠來說搞不好還很舒服。「這就是所謂的自我安慰行為，要牠別做的話就太可憐了。」對方這麼對我說。看來「飼主所想的事情」和「動物所想的事情」，不見得會一致。

只要飼養動物就必須正視現實，無論是好事或壞事。

在學校飼養的兔子和雞有時候也會出問題，牠們被飼養在學校角落的飼養小屋內，缺乏日照，不知道為什麼，牠們在星期一的死亡率非常高，大概是因為六、日放假，所以大家會在星期五給予大量飼料的緣故。

本來生命就沒有週末、寒暑假這種休假日，既然要飼養，就必須每天有人輪流負責才行。「因為自己要放假，只要在前一天多給一些飼料就好了。」這種觀念大概是我們從小就一直學習至今的吧！

明明應該教導的是「飼養生物是很辛苦的，這就是現實」，但老師自己還是小學生時也做過同樣的事，所以才會自然而然地變成「星期五給予很多水和飼料，星期一再好好照顧牠們」。這樣的狀況層出不窮，這真的能夠成為學習生命可貴的方式嗎？

無論投入多少關愛來飼養，動物的壽命大多還是比人類來得短。在任何動物小時候，大家都會覺得牠們很可愛，照顧起來也很開心，然而過幾年，動物年華老去，不久後大限將至、體力衰退，就很容易生病，甚至還會罹患癌症。一旦生病，就必須照顧可憐的牠們，還要花費不少開銷。如果沒有面對這些現實的毅力，還是不要養會比較好。

也有飼主會說：「如果牠再活得更久就好了……」我非常能夠理解這種心情，但是應該反過來思考才對，也就是一開始就要了解此種生物的壽命非常短暫，該來的總是會來，不要焦急慌亂，而是好好思考自己要怎麼面對。

第五章

動物們的各種結石

- 烏龜的命根子
- 有殼的烏龜要如何進行診療？
- 切開龜殼的剖腹手術
- 連美國醫師都在問的新型烏龜手術法
- 處理兔子和烏龜的尿結石

烏龜的命根子

「醫生，我家烏龜的屁股跑出奇怪的東西！」

「啊！這是烏龜的生殖器啦！」

「咦？應該怎麼辦才好呢？」

「牠的生殖器已經壞死了，必須切除才行。」

「咦？切掉？切了不會怎麼樣嗎？」

「完全不會有問題，牠還會繼續活著。」

一般而言，爬蟲類的生殖器是包覆在體內的，只有在繁殖時才會露出體外。生殖器外露的症狀也會發生在蜥蜴身上，不過烏龜還是最常見的，原因在於過度的性興奮與營養失調，必須每個月就診一到兩次。

而這隻印度星龜也是，生殖器從尾巴根部的肛門裡露出來，處於壞死的狀態。以身體比例來說，陸龜的生殖器非常大，只要想像烏龜的生殖器和牠的頭差不多大小就知道了，而大家多半稱之為龜頭。

生龍活虎的生殖器是有彈性的，可是如果壞死，就會萎縮變為茶色，看起來就像人類在寒冬時縮成一團。很遺憾地，壞死的生殖器就只能切除了。手術本身並不困難，但是如果不確實止血，血就會一下子噴出來。

首先，要在生殖器的根部施打局部麻醉藥劑，再用線把血管綁起來用來止血，再加以切除。以前都是用雷射手術刀俐落地下刀，但是長年這樣進行切除手術後，我發現用剪刀剪也沒有什麼區別，因此現在都是用剪刀一刀剪斷。

如果觀察切除後的烏龜生殖器斷面，就會發現它的構造是透過凹槽來運送精子。這只是用於交配時讓精子流動的器官，和排尿並沒有關係，因此切斷也沒有問題，更不會對性命造成威脅。

此外，如果沒有壞死就不用切除，生殖器也會變回原來的狀態。烏龜的生殖器通常是收在泄殖腔內，只要能把生殖器壓回去，我們就會用線把洞口縫合成原本的一半，這樣就不會再跑出來了。之所以會縫合成原本的一半，是因為泄殖腔也有排尿和排便的洞口，為了讓烏龜能夠排泄，必須先開一個小縫。一週後拆線，大多都會恢復原本的模樣。

前幾天，有一個飼主前來，說道：「有一天晚上我在外露的烏龜生殖器上塗抹糖水，結果生殖器不但沒有縮回去，烏龜還變得很沒有精神。」

網路上確實有「只要抹上糖水，生殖器就會縮起來，回到原來位置」的這類說法，事實上這也是動物醫院常常會採取的做法。因為糖水的濃度很高，會基於滲透作用從生殖器黏膜中帶走水分，因此只要在烏龜生殖器上塗抹糖水，就會緊緊縮回去了。

然而，這也不表示一定就會如此。如果試了幾分鐘，依然沒有縮進去，就應該停止。要是生殖器持續好幾個小時都沾著糖水，體內的水分就會從該處大量流失，情況會變得非常危險，烏龜會出現重度脫水症狀，完全沒救。

網路上的資料並沒有寫得很詳細，要是一知半解地胡亂嘗試，就會造成無法挽回的結果。

提到會從肛門「跑出來」的東西，除了生殖器以外，腸子也常常會有這種狀況。不只是蜥蜴和烏龜，各式各樣的動物都會發生脫腸現象，貓、狗會，雪貂與絨鼠亦然。如果發生劇烈的腹瀉症狀，牠們的體內會很快就沒有東西可以排出，但是又必須排出什麼，才會連腸子都跑出來了。

其中，青蛙也常常發生脫腸狀況。貓、狗的脫腸，只要用手指壓回去就可以解決了，不過手指無法進入青蛙的體內，因此要用棉花棒。青蛙的肛門和烏龜一樣是泄殖腔，為了讓其排泄，必須用線縫合大約一半大小，一個禮拜後大多就會復原了。

如果是太過嚴重的脫腸，無法回復原狀，就要進行剖腹手術，從內側把腸子拉回來，而且為了不要讓腸子再次跑出來，就要把腸子縫在胃壁上。此外，如果要切除腸子，不能像生殖器一樣直接剪掉就好，由於腸子是呈現圓筒狀，切掉後還必須縫合成一樣的形狀才行。

腸套疊的情況會更加麻煩。脫腸和腸套疊雖然在醫學上來說並不相同，但是腸子都一樣會

切除烏龜生殖器的方法

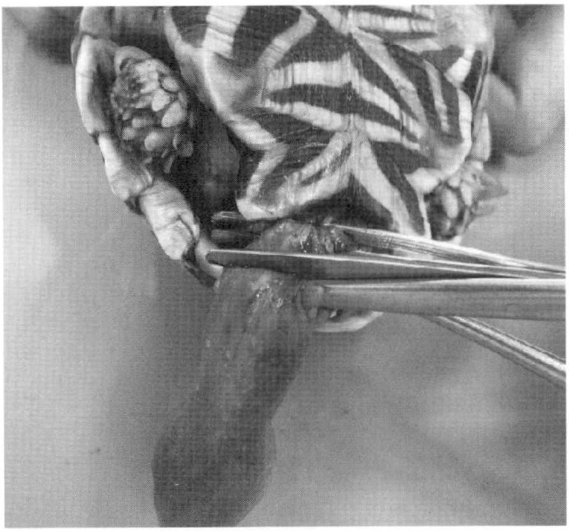

在生殖器的根部施打局部麻醉藥劑，然後用鉗子夾住根部，再用剪刀用力剪下！對男性來說，這應該是一張會起雞皮疙瘩的照片吧！

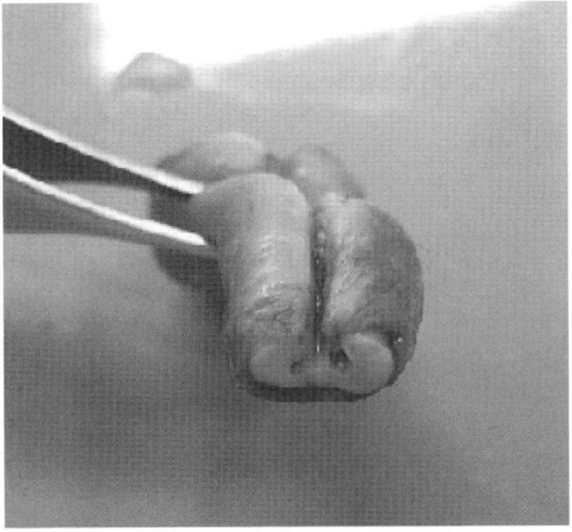

烏龜的精液會沿著溝槽送入，生殖器的用處就僅止於此。

從肛門掉出來。最麻煩的是腸套疊，這時候會有一部分的腸子陷在其他的腸子裡，呈現出盤根錯節的狀態。換言之，就像是脫襪子反折那樣，不像單純的脫腸，只要把露出來的部分壓回去就好了，必須透過剖腹手術把翻轉的腸子拉回去，才能恢復正常狀態。

六、有殼的烏龜要如何進行診療？

在求診的爬蟲類中，有九成都是烏龜，其中包括各式各樣的烏龜，從廟會販賣的小綠龜，到重達六十公斤以上的巨大象龜等，也有大型烏龜是包著尿布來的，這是因為大型烏龜的排泄量很大，為了不要讓牠們漏尿才會這麼做。

此外，像陸龜一類的寵物大多會採取在房間放養的方式。烏龜不會記得廁所在哪裡，因此會突然排尿，如果不包尿布，整個房間都會被弄髒。根據烏龜的大小，尿布分成生理用衛生棉、嬰兒紙尿布和成人紙尿布等尺寸。

烏龜之所以會來看病，大多是因為「不吃飼料」、「流鼻水」、「呼吸異常」、「排泄時太用力」、「無法排便」等，我也常常會被問到，烏龜明明有殼，到底要怎麼看診，至今為止應該被詢問一百次以上了吧！基本上，烏龜的情況和其他的動物並沒有什麼不同，我能做的處理也沒有什麼差別。

唯有一個特別的步驟，那就是「等待」。基本上，只要我想要開始診療，烏龜就會把四肢與頭縮進殼裡，變得像是一顆石頭。而在診療室裡，如果烏龜有氣無力地露出四肢和頭，沒有什麼反應，就代表牠的狀況相當糟糕。

如果想要把縮起來的四肢硬拉出來檢查，烏龜就會很頑固地縮得更深，所以我會一邊和飼主聊天，一邊等待。比起強迫拉出四肢，用等待的方式不只會減少烏龜的壓力，留給飼主的印象也會比較好。因此，在烏龜探出頭時，就要快速抓住牠。

此外，烏龜也有可能縮前腳、露後腳，或是縮後腳、露前腳，我們可以多利用這一點。烏龜藏在龜殼內部的體積是固定的，只要往牠四肢和頭縮進去的地方稍微再推一下，牠就會從相反的方向露出來。有時候，我也會戳戳和看診部位相反的部位，想辦法讓患部露出來。

也曾有烏龜的四肢同時縮進殼裡，只把頭偷偷露出來。此外，如果前腳先伸出來，內縮的力量就會變弱，因此有時候我也會在烏龜的嘴巴上掛鉤子，賣力把頭硬拉出來。不過，基本上我還是會等待。

接下來進行的診療就和其他動物沒有什麼不同，倒不如說沒有什麼是烏龜才有的特殊檢查。如果要進行血液檢查，我會從頭部的靜脈抽血，在注射靜脈點滴時也是如此，牠們並不像人類的血管一樣容易找到，因此我會找出應該有血管的地方，然後朝著那裡用力刺下。

大怪獸卡美拉和超音波怪獸卡歐斯交戰時，從牠們的傷口流出綠色血液。由於對這一幕的印象深刻，偶爾也會有人以為爬蟲類的血是綠色或藍色的，這完全是一大誤解。

無論是烏龜、鬣蜥還是魚，血液都是紅色的。會呈現紅色是因為包含在血液中的紅血球，其內部的蛋白質——血紅素就是這種顏色，不一樣的就只有血球形狀，而非顏色。哺乳類動物的紅血球是非常漂亮的圓形，沒有細胞核；爬蟲類的紅血球為橢圓形，正中央有一個核。不僅僅是爬蟲類，鳥類、兩棲類、魚類全部都是如此。對動物醫生而言，這是理所當然的知識，但是從人類醫生的角度來看，應該會嚇一跳吧！

當人們因為感冒等原因而去內科就診時，醫生大多都會使用聽診器，動物醫生也是採用同樣方法來聆聽烏龜肺部的聲音。只不過，如果把聽診器抵在堅硬的甲殼上，也只會聽到雜音，因此我們會將濕掉的繃帶包覆在龜殼上，再把聽診器貼在上面。正常的烏龜是不太能聽見呼吸聲的，然而若是罹患肺炎、支氣管炎等呼吸道疾病，就會聽到喘息聲。

另外，照X光也是烏龜常常會進行的檢查之一。

「咦？烏龜照X光？牠明明有殼耶！」大家大概會這麼想。沒錯，要是隔著龜殼，健康的烏龜幾乎什麼都照不到；相反地，如果可以照出什麼，就代表內部有所異常。要是肺部區域出現陰影就代表肺炎，腸子區域發現氣體就是脹氣。再者，也可以透過X光片來確認是否有結石、卵阻塞，或是誤食硬物等情況。

要順帶一提的是，我們醫院在照X光時會使用麵包夾。這是因為如果從側面拍攝，為了不要讓烏龜倒下，就必須扶著牠。過去，我們會用毛巾把烏龜包起來，然後用手拿著，但是這樣很難拍攝，每次都會把扶著的人也照進去，這樣一來，在放射線的使用規定上就會造成問題。

我思考著有沒有更好的方法，於是靈機一動想到可以使用麵包夾。由於金屬會拍進X光片裡，必須用塑膠製的夾子夾住烏龜，而且為了不讓烏龜滑下來，還要用布包住。

X光基本上可以照出硬物。在誤食布、線、塑膠、橡膠等物品的可能性很高時，我會採取鋇劑檢測。檢查後，鋇會原封不動排出體外，不用再吃瀉藥即可排出。我經常會被問到這件事，不過貓、狗和兔子也一樣，基本上進行鋇劑造影的動物幾乎都無須再服用瀉藥。

烏龜是變溫動物，會因為溫度而改變消化速度。本來烏龜的消化時間就很長，若氣溫在二十五度以下，在鉗進入胃部之後，約四十八小時左右就會全數移動到腸子；然而，如果氣溫是十五度，鉗在二十四小時後才會多多少少開始流動，就算過了四十八小時，依然會留在胃裡。換句話說，當外部氣溫較低時，烏龜的代謝就會下降，也比較容易生病。

如果想要確認X光片無法拍到的臟器，如心臟和卵巢，就必須進行超音波檢查了。這種超音波機器本來是人類使用的，而烏龜的超音波檢查是透過拉出牠的後腳，把探頭插到縫隙裡來照出內臟。

對於那些因為生病而不進食的烏龜，通常會採用胃管，也就是用一條貫穿到胃的管子來注入流質食物。

我們也常常幫烏龜削喙和剪指甲，這就不是因為生病的關係了。雖然烏龜沒有牙齒，但卻有著和鳥一樣的喙，與大自然中食用的野草相比，如果平常吃的都是一些纖維質很少的蔬菜，喙就會變長，因而導致進食困難，所以必須用修邊機修剪。

修邊機是一種前端會旋轉的筆型削切工具，人類牙醫就經常使用這種機器。喙就像指甲一樣，修剪也不會疼痛，因此無須施打麻醉藥劑。

此外，四肢的指甲也是，如果是野生的烏龜，自然而然就會削掉、變短，但是在人工飼養

烏龜檢查大小事

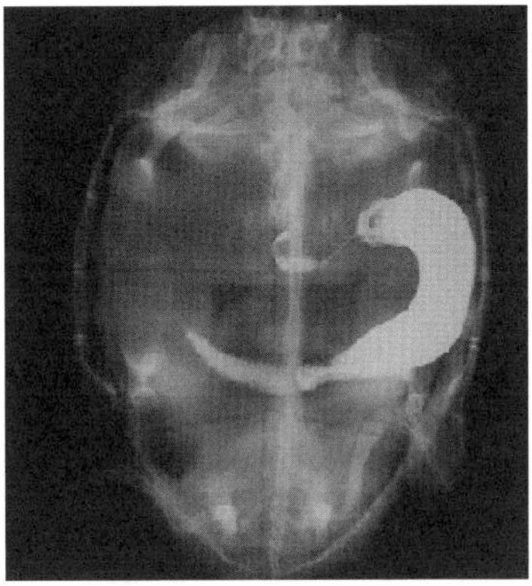

當牠可能誤食無法被X光照出來的柔軟物品時，就要進行鋇檢測。右邊白色勾玉狀的部分是胃。

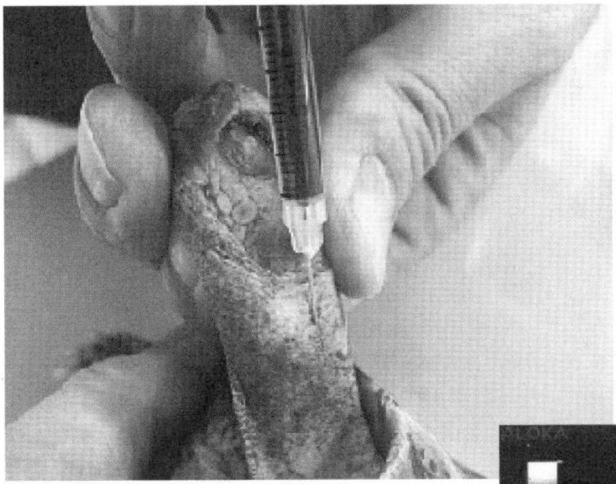

抽血是從靜脈開始的，由於血管並非清晰可見，因此要靠經驗和直覺。

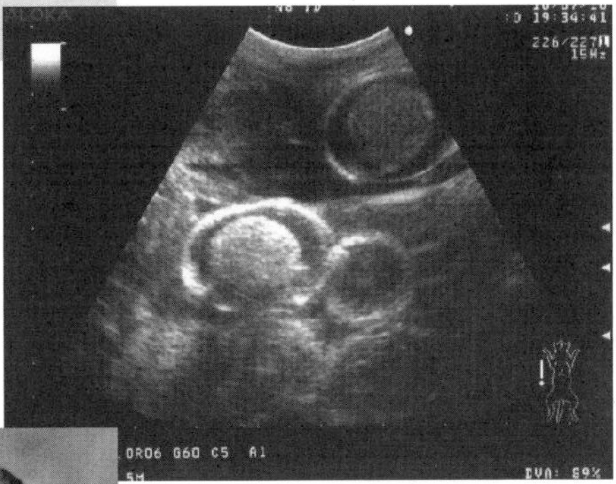

烏龜的超音波檢查畫面，圓狀物是卵。

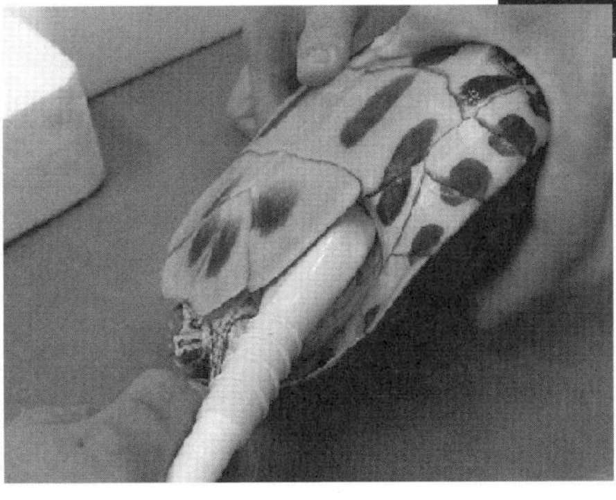

烏龜的超音波檢查就是要拉出牠的後腳，在龜殼與身體的縫隙中插入探頭。

的環境下，無論如何都會越變越長。要是置之不理，就會導致烏龜爬行困難、指甲凹折，所以要用鉗子剪斷，蜥蜴和鬣蜥也常常要進行這種修剪。由於飼養爬蟲類的飼主平常大多要上班，因此一到了星期天，幫忙這些可愛的孩子進行剪指甲、削喙等護理的飼主就增加了。

切開龜殼的剖腹手術

分析在我們醫院網站上的搜尋紀錄，發現搜尋「烏龜、結石」的人非常多。

也許大家會想，沒想到烏龜也會長結石吧！我們醫院的烏龜膀胱結石手術案例比貓、狗還多，大約一年會執行二十件。如果結石卡在泄殖腔裡，只要從那裡取出就好，但是如果我判斷結石長在膀胱內，並且屬於無法取出的大小，就必須對烏龜進行全身麻醉，採取剖腹手術了。

有一次，醫院來了一隻「在排尿時會用力發出聲音」的蘇卡達象龜。蘇卡達象龜是棲息在非洲，長達七十公分以上、體重超過六十公斤的超大型陸龜，而來到醫院的這隻蘇卡達象龜只是體重超過十公斤的「小孩」。

烏龜基本上是不會叫的，當牠拚命發出「吼欸、唔欸」這麼高昂的聲音時，就代表牠很想排泄，但是卻有什麼東西卡住出不來，又或者是正在交配。

我照了這隻蘇卡達象龜的X光片，發現牠的膀胱內塞著一顆超過十公分的結石，一定要動手術才能取出。我本來想幫牠進行全身麻醉，然後切開腹甲，但是這樣牠會停止呼吸長達三十分鐘以上，光用我最擅長的吸入麻醉還是無法充分發揮效果，所以還是必須為牠注射麻醉，讓牠睡著。

也許現在大家會有疑問，就是「要從哪裡幫烏龜打針」。我已經被問到，只要一聽到這個問題，心裡就會想著「真是的，我的一生中到底要被問幾遍」。

幫烏龜打針，就是要拉出牠的前腳，然後施打在前腳的根部。如果打在後腳，藥劑就無法傳送到全身。爬蟲類的體內存在一種名為「腎門脈」的特殊血管組織，注入下半身的藥物不會流到全身，而是會在腎臟轉化為尿液後排出。我在前面的段落也說過，烏龜會把頭和四肢縮起來，因此我只能慢慢等待，在牠探出頭的時候趕快抓住牠。然而，這種會在非洲大陸上挖掘巨大洞穴的蘇卡達象龜，牠的前腳就重達十公斤，力量非常驚人。

和貓、狗一樣，我們在手術中會測量心電圖與血氧飽和度等，對生物體進行監控。由於這些監控裝置是哺乳類動物使用的，而烏龜的正常心跳數為一分鐘二十下左右，因此該裝置會視為異常，一直發出警戒音。每響一次，就要按下解除鈕，而我會把這個工作交由助手進行。

　提到烏龜的剖腹手術，想當然耳，烏龜的龜殼是無法用手術刀切開的。大家常常會問我：「烏龜的龜殼構造是什麼樣子？」、「會不會像寄居蟹一樣脫殼呢？」諸如此類的問題。我很遺憾地說，烏龜是絕對無法脫殼的，因為殼已經和背骨一體化了。

　言歸正傳，要切開作為骨頭組織的龜殼，就必須使用外科用電鋸。這是一個利用電力讓鋸齒狀部分前後高速振動的特殊道具，只要使用它，就可以將腹甲鋸開一個四邊形，然後再切開下方附著的肌肉，進行剖腹。在鋸開腹甲時，如果太靠近頭部，電鋸有可能會直接傷害心臟；若是太靠近尾巴，又可能會鋸掉骨盆，導致牠無法行走，因此自然就只能鋸出一個可以打開的「小窗戶」。此外，烏龜的體內並沒有橫膈膜，剖腹時會直接看到心臟跳動。

　偶爾也會發生結石比鋸出的「小窗戶」還大的情況，這隻體重重達十公斤的蘇卡達象龜體內的結石也很大，完全不是可以從鋸出的「小窗戶」取出的大小。

　如果是其他的動物，在結石過大的情況下，只要再切開腹膜，增加開口的大小就好了，但是一旦鋸開烏龜的腹甲，就再也無法改變了。因此，在那種情況下，我只好在烏龜的肚子裡直接破壞結石再取出。我得把止血鉗（如同用於止血的剪刀）深入肚子裡，一點一點地夾碎結石，讓結石變小後才能拿得出來。

只是那隻烏龜的結石像棒球那麼大，比止血鉗能撐開的最大角度遠遠大上許多，可想而知要把它戳成小塊會非常花時間，在進行之前，我的心情就開始沮喪了。

突然間，我的腦海中突然靈光一閃。「這種情況就要用鑿子和鐵鎚啊！」

不過，要是一下子用鑿子和鐵鎚從上面敲擊這顆大結石，結石也只會陷入背部而已，根本不會破碎。於是我把湯匙彎成L型，做成像是勺子那樣，然後穩穩放在結石下方，之後再用鑿子和鐵鎚，像木匠那樣用力敲打著。我的父親就是木匠，因此我從小就非常習慣這樣的手工作業。烏龜的結石並不像石頭那麼硬，硬度大概和金平糖差不多，沒多久我就順利敲碎，並且直接取出了。

拿出結石以後，我把膀胱、肌肉縫合，最後合上腹甲。龜殼內部的手術結束了，接下來就必須把切成四邊形的腹甲回復原狀。以前最普遍的方法是塗上具有黏性的環氧樹脂，就像用樹脂來連接斷掉的骨頭一樣。然而，利用這種做法，不僅樹脂無法滲入切口的縫隙，透過樹脂黏合的術後傷口也會因為漿液可能留在內部而產生不適，常常導致被鋸開的龜殼壞死、腐爛等問題。

連美國醫師都在問的新型烏龜手術法

使用這種黏合樹脂的方法已經持續四十年了，而龜殼壞死、發生癒合不全的問題也是層出不窮，大家甚至還要另外思考術後問題的處理方法。我一直在想：「這不是很奇怪嗎？」比起思考術後的因應方法，還不如一開始就想出不會發生問題的手術方法。

在處理這隻重達十公斤的蘇卡達象龜之前，我就不太喜歡塗抹樹脂這樣的做法。樹脂從塗完後到完全硬化要花費數小時，在這段時間還必須好好壓著烏龜才行。然而，蘇卡達象龜是足以把家裡牆壁砸出大洞的大力士，等麻醉退了以後，在樹脂硬化前的這段期間到底要怎麼壓制牠才好呢？

於是，我就想出不要用樹脂，而是利用能夠提早硬化的修補劑（putty）來塗抹在腹甲上。這就像是一般黏土那樣的材料，比起凝膠狀的樹脂更容易處理。

同時，我也想到不要讓龜殼壞死的鋸開方法，以前我就曾有這個構想，因此決定這一次來試試看。

首先，把腹甲鋸出一個四邊形的小窗戶，這一點和過去相同。要把腹甲鋸成四邊形時，必須小心留下接近頭部那一側的腹甲內側肌肉，不要全部鋸斷。這邊的肌肉在合上腹甲時可以發揮連接的作用，藉此讓鋸下腹甲上的血流（血管）得以保留，即可確保鋸下來的腹甲不會壞死，可以恢復原狀，合上時也會變得更容易癒合。

接著，在合上腹甲時，要從上方給予適度的壓迫，讓切開的腹甲與原本的腹甲之間不要留下空隙，緊密貼合，最後再用捏成圓形的修補劑固定四個角落，它只需要五分鐘就會變硬了。我在這隻十公斤的蘇卡達象龜身上，第一次使用修補劑來固定龜殼，沒想到竟然非常簡單，也牢牢固定住了，完成度非常高。一個禮拜後，這隻蘇卡達象龜就恢復精神，在醫院裡慢慢爬行了。

話說回來，對於用修補劑固定的方法，或許有人會想，如果是水生烏龜，要是水從切割的縫隙中流進去要怎麼辦？然而，在手術後五天，水都沒有從縫隙中流入，之後把烏龜放到水箱裡也完全沒問題。

再來談論一些專業話題。此時，位於腹甲正中央的中線對於龜殼的成長非常重要。隨著中線成長，鋸開的腹甲就可以緊密貼合，因此要是在中線上塗抹修補劑，就會造成癒合障礙。為了不讓這種情況發生，祕訣就在於要避開中線。

過去使用的樹脂，要使腹甲密合必須花費半年到五年左右的時間，但是如果好好實行這種方法，只要兩個月就能癒合了。

我把這種新型的烏龜手術法稱為「PE法」，這是「環氧修補黏接法」（patch epoxy method）的略稱。不過，貼在龜殼上的修補劑恰好就像肩痛的人們在背上貼的貼布一樣，因此身為命名者的我，因為私心而偷偷將之改成「磁力貼布法」。

事實上，修補劑的製造商就是日本人都一定會用過的接著劑公司——施敏打硬（Cemedine），我偶然在該公司的網頁上看到「施敏打硬金屬用修補劑」，就想到「啊！也許這可以用在烏龜上」，然後嘗試一下，發現效果非常好。在那之後，我甚至還找到同系列的「水中用修補劑」。

「烏龜肯定要用『水中用修補劑』啊！」我這麼想著，並且實際使用看看，結果發現硬化的時間很長，質地又太軟，還是「金屬用修補劑」的效果比較好。

用這種「磁力貼布法」進行的結石取出手術，也刊登在美國野生動物獸醫學專業雜誌上。在這篇論文裡，我用羅馬拼音「kinzoku-you」來標註金屬用修補劑，後來收到美國動物醫生的來信，信中寫道：「這真的是一個很棒的方法，只是修補劑是什麼？在海外也可以買到嗎？」我和對方聯絡好幾次，但是美國似乎沒有販賣施敏打硬公司製作的金屬用修補劑。對方

過去的烏龜剖腹手術法

① 烏龜的剖腹手術。使用外科用電鋸將烏龜腹甲鋸開一個四邊形。

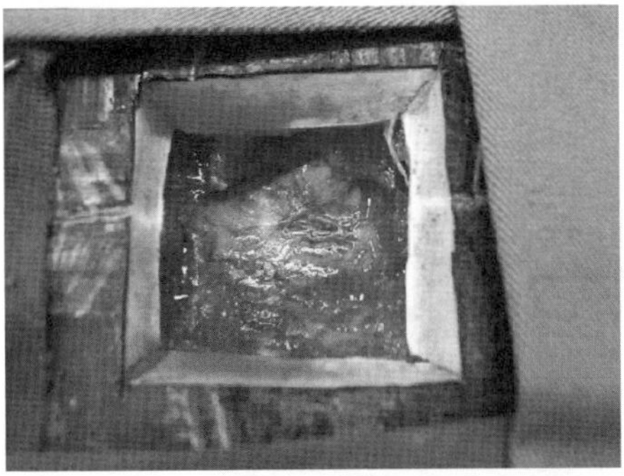

② 剝除鋸下的龜殼，深入體腔內。

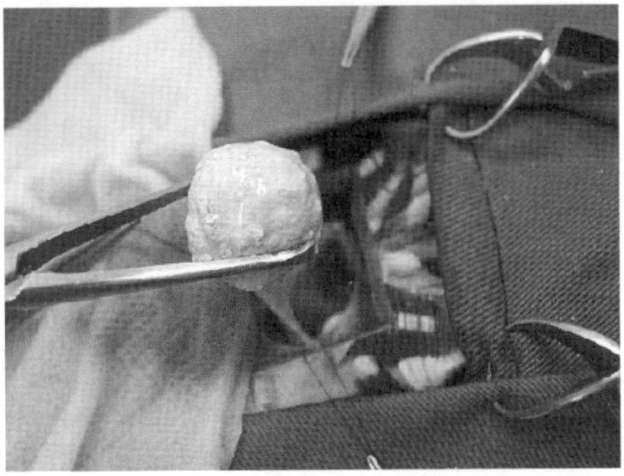

③ 烏龜的膀胱結石。相對於烏龜的身體，結石的體積相當大。

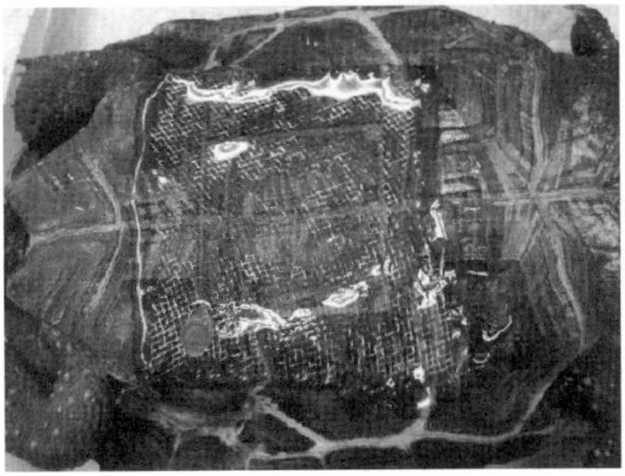

④ 把鋸下的腹甲放回去後，塗上環氧樹脂，在樹脂硬化前要一直按壓。

新式的
磁力貼布法

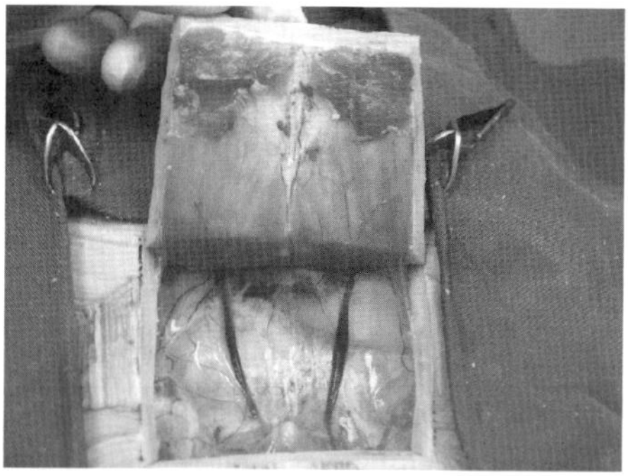

①烏龜腹甲並沒有完全鋸開，保留靠近頭部的內側肌肉，只要切掉靠近尾巴一端的肌肉，腹甲就會像是被切掉貝柱的貝肉一樣分開。

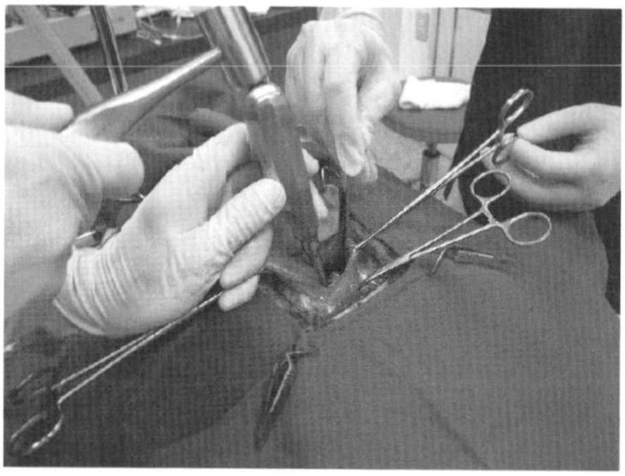

②用鑿子和鐵鎚破壞無法從「腹甲窗戶」拿出來的大結石。

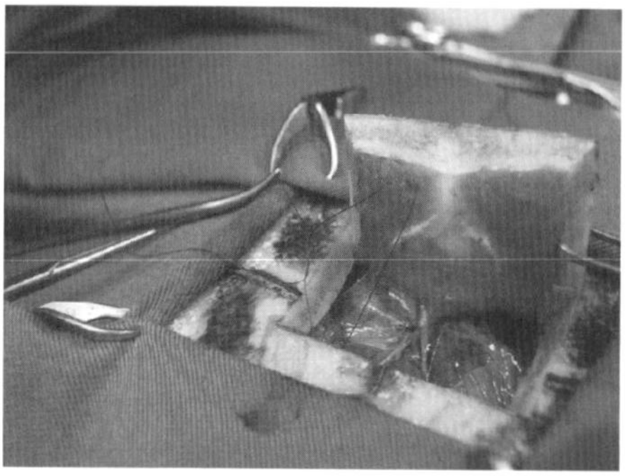

③手術後，縫合被切開的肌肉。這樣一來，讓被切除部分的腹甲血管得以保留，會比較容易癒合。

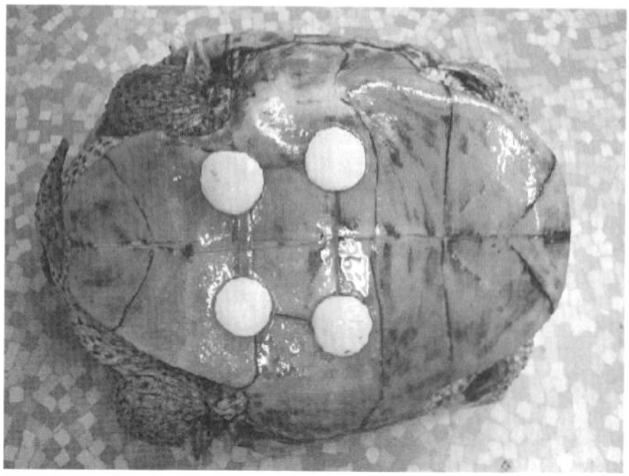

④用施敏打硬公司製作的金屬用修補劑來固定四個角。不覺得這很像貼在人類背上的磁力貼布嗎？磁力貼布法完成了！

詢問其他的修補劑效果好不好，我也只能照實回答：「我沒有用過其他公司的修補劑，所以並不曉得。」

無論如何，由於要幫體重十公斤、膀胱結石直徑長達十二公分的蘇卡達象龜進行手術太困難了，以此為契機，我才會想出利用鑿子與鐵鎚的方法，並且進而思考出所謂的磁力貼布法。

處理兔子和烏龜的尿結石

所謂的尿結石，是指尿液中的礦物質凝固、結晶化，變成像石頭一樣。雖然是結石，也有腎結石、輸尿管結石、膀胱結石、尿道結石等，會根據產生結石的部位而有不同病名，成分也有非常多種，尿酸、鈣、草酸、磷酸等都包含在內。

要取出陸龜的巨大結石是項浩大的工程，但小結石的手術也相當費力，最麻煩的就是貓的尿道結石。如果是膀胱結石，只把肚子和膀胱剖開就好了，但是由於貓的尿道非常細，即使是一公釐的結石也會塞住，要處理的話，必須先在生殖器前端放入一根細管，再推回膀胱，反覆清洗膀胱好幾次，讓石頭變回原來的結晶後再流出來；不然就是要放入細金屬棒，用超音波震碎；根據情況，也有可能要把尿道切開才能取出結石。

此外，狗的膀胱內常常會堆積很多像珠子一樣的細小結石，這時候就要用小湯匙來刮，或是利用類似小型吸塵器吸出來。

兔子也是很容易有結石的動物，特別是很難處理的尿道結石。連接腎臟的尿道只有數公釐，一定要透過手術才能取出卡在尿道中的結石，也必須使用比針線還細的東西處理。曾經有人問我：「這種東西看得見嗎？」幸好我現在還看得見，目前還沒有老花眼，手術都是以裸視進行，一想到哪一天我要使用放大鏡，就覺得自己好可憐啊！

尿結石的原因會根據動物而有所不同。兔子是因為排出的尿液中含有鈣，大多會產生鈣結石；烏龜則是在排尿時，會排出名為尿酸的白色黏稠物，因而形成尿酸結石。

由於脊椎動物攝取蛋白質，代謝出來後，最終會成為尿酸、尿素及氨這三種物質，根據生物的不同，構成的主要成分也會不一樣。人類是以尿素為主，只含有少量的氨；魚類則是主要排出氨；依照烏龜種類的不同，則有以尿酸為主和以尿素為主的不同情況，比例也是按照種類而定，會有容易形成結石與不易形成結石的烏龜。

貓、狗主要是排泄尿素，結石成分也有不同種類。結石的形成會因為飼料的不同而有所改變，因此現在也已經開發出很多預防結石和治療用途的專用飼料。

如果飼料中的鈉成分增加，動物就會覺得口渴，想要喝大量的水，因而能在結石形成前，先以尿液的形態排出。另外，很多結石都是因為食物中的鎂、磷所產生的，我們可以餵食減少該成分的專用食物來進行預防和治療。對於那些在尿液變成鹼性後很容易形成的結石，也有專用食物可以讓尿液變成偏酸性，進而溶解結石。

另一方面，由於沒有什麼人研究陸龜形成結石的原因，現階段還是以蛋白質過度攝取和脫水一說較具說服力。只要攝取蛋白質，尿酸就會增加，如果體內的水分太少，尿酸就會濃縮。一開始只是一個小小的結石核，接著就會以滾雪球的方式，逐漸變成像是合浦珠母貝中的那種大型真珠。

常常會有飼主問我：「我每天都準備低蛋白質的食物菜單，也有好好讓牠喝水了，為什麼還是會有這麼多的尿酸呢？」、「都出現這種結石了，從今以後我應該怎麼改善才好呢？」諸如此類的問題。

然而，所謂的生物並非永遠都處於同樣的狀態，而是會時常發生變化，並因應變化繼續生活，即使刻意保持也無法達到完美的理想狀態。不管再怎麼注意環境和食物，還是會有產生結石的案例。就連人類也一樣，沒有抽菸的人也會罹患肺癌、不喝酒的人也會肝硬化。

就算了解原因、事前預防，也不代表絕對不會生病。生病不一定都會有一個很明確的原因，也不是徹底掌握原因後就不會生病。況且生病也不見得全部都是因為飼料，並非藉由調整飼料就能夠預防所有的疾病。

然而，現在日本的風潮是連寵物都過得非常奢華，大家都在尋求更好的食物，以為任何疾病都可以透過食物來預防。我想，這只是因為大家受到健康節目的影響太深所致。

故意供應不好的食物當然不正確，只是在現階段，你必須蒐集正確資訊，就算這樣還是生病了，也要接受「這是無可奈何的事」。如果不接受這種「無可奈何」，一旦動物生病了，你就會非常驚慌失措，反而變得比那隻動物更痛苦。

第六章

飼主一時疏忽導致的遺憾

- 從陽台掉落，龜殼破裂的烏龜
- 尾巴斷裂的墨西哥鈍口螈
- 兔子的骨頭比免洗筷還細、還脆弱
- 「截肢」也是骨折治療的選項
- 兼任外科醫師、內科醫師與牙醫師的我
- 切去兔子咬合不正的牙齒
- 導致呼吸道阻塞的牙齒疾病

從陽台掉落，龜殼破裂的烏龜

某天，有一隻龜殼碎裂的烏龜來醫院看病。據說這隻被飼養在陽台的草龜逃出水箱，穿過欄杆，然後就這樣失足墜樓了。

基本上，烏龜是為了水平移動或是在水裡行動進化而來的動物，移動範圍並非垂直，而是水平方向，牠們通常沒有「高度」的概念。

因此，從水箱逃出來的烏龜會慢慢地在陽台上爬行，如果陽台的欄杆有空隙，牠總有一天會變成「空中漫步」，筆直地朝著地面墜落而下。這幾年，這種墜樓的烏龜案例就發生了好幾起。

烏龜的龜殼其實並不是殼，而是骨頭組織。換言之，龜殼受傷也是一種骨折，對烏龜來說，龜殼是皮膚兼骨頭，一旦破碎，有可能導致內臟飛出這種重大傷害。以人類來說，就相當於開放性骨折和內臟破裂，如果破裂的地方太過嚴重，甚至可能死亡。

此外，由於位於龜殼（背甲）中心的背骨是一個後盾，要是背甲橫向裂開，就會導致下半身麻痺。在緊急救護時，迅速而適當的處置很重要，這一點對烏龜而言也一樣。

首先，當這些失足墜樓的烏龜被送來時，必須對牠輸入氧氣，全身施打抗休克藥物和抗生素。破裂的龜殼需要包覆滅菌紗布，再包上保鮮膜，以免臟器乾掉。在脫離緊急狀態之前，不可以放入水裡。為了預防脫水，還要用點滴補充水分。

四十八小時後，這隻烏龜總算脫離危險期，狀況也恢復穩定了。我就用自己最擅長的修補劑（請參見第一百二十頁）來黏合龜殼，這樣就能夠固定住破裂的龜殼，也可以預防傷口浸水。人類也一樣，在遭受重大外傷事故的情況下，要預防傷口免於感染，並且進行縫合處理，再來就只能看自身的恢復能力了。這隻墜樓的烏龜在七天後就復原了，得以回歸水中的生活。

就像這樣，因為飼養上的疏忽或意外，導致這種出乎意料的事故，有時候還會出現兩隻動物對撞的情形，於是受了各式各樣傷勢的動物就會被送來醫院。

「醫生，不好了！我們去鄉下的民宿玩，我們家的孩子就被那裡養的紀州犬襲擊了！我拚命想要幫忙，結果還是變成這樣……」

狂奔而來的飼主帶著一隻玩具貴賓狗，牠的背部正中央被咬掉一塊，皮膚都裂開了。

所幸牠的脊椎沒事，如果連脊髓都被咬傷，就會馬上死亡，這也可以說是不幸中的大幸，但是背上有一個像洞穴般的傷口還是很痛的。於是，我替牠施打全身麻醉藥劑，準備把被咬掉的皮膚補回來。

貓和狗的皮膚比人類還要鬆弛，可以拉得很長。只要利用這個特性，就可以補好破損皮膚，就像使用縫紉紙型那樣，一一填補皮膚上的缺口。切割皮膚、拉皮、縫皮，就好比皮膚的整形手術那樣，但是如果要填補更大的破洞，就必須了解皮膚的切法、縫法，以及皮膚血管的走向。

於是，我幫這隻玩具貴賓狗完美縫合背上破了好大一個洞的皮膚。拆線是在兩週後，只要毛長出來覆蓋傷口，就會恢復原來的樣子了。

尾巴斷裂的墨西哥鈍口螈

「我們家小蠑螈的尾巴好像快要掉下來了！」

傷者是一隻尾巴斷裂後搖搖欲墜的蠑螈。據說是飼主在打掃水箱時，淨水器不小心掉下來，很不幸地，位於下方的蠑螈就……，牠的尾巴根部完全裂開，傷可見骨。

如果太過粗魯，尾巴可能就會掉下來了，因此我先對這隻蠑螈進行全身麻醉，照X光確認脊椎是否有損傷。幸運的是，看起來只有尾巴的肌肉受傷。陸生動物的麻醉是使用氣體，但是這當然不能對用鰓呼吸的蠑螈使用。以前我在為一隻因為長腫瘤導致肚子鼓起的蠑螈進行手術時，就曾研究專門的麻醉裝置。

首先，必須在飼養的水中加入麻醉藥劑，讓蠑螈睡著，在牠睡得正香甜時，再把牠放到海綿上。海綿下方放著加入麻醉藥劑的裝水容器，我會用幫浦把水吸上來，淋在蠑螈的鰓上。用鰓呼吸的動物就要讓麻醉藥劑從鰓吸收，和魚類的麻醉相同。

而且，淋在蠑螈鰓上的水會透過海綿，原封不動地流到下方的裝水容器裡，因此形成一個循環。透過這種方式，蠑螈在手術期間就會一直維持沉睡。

只不過，如果把蠑螈放在平坦的海綿上，牠就會一直翻滾，並不是很方便。因此，我會事先把海綿的中間部分挖空，做出一個凹槽。

每當我在動手術前挖空海綿時，都會有員工半開玩笑似地問我：「你在做什麼啊？」然而，在我做出這個「鰓呼吸動物專用麻醉裝置」後，在部分的動物醫生之間竟然成為一個「典範」。當然，市面上並沒有販售這種裝置，每個動物醫生為用鰓呼吸的動物進行手術前，都要自行挖空海綿。

這隻尾巴快要掉下來的蠑螈，很幸運並沒有骨折，因此只要進行肌肉部分的縫合就好了。

只是因為切口非常深，必須從內部和外部分別縫合兩次。

說到外傷，像是花栗鼠這種齧齒類動物和蜜袋鼯，受傷時常常會因為自行抓咬傷口，導致狀況惡化，這也就是所謂的「自咬症」。草原犬鼠的尾巴如果受傷，就會自己咬掉尾巴，造成尾巴變得越來越短。此外，感染皮膚病的蜜袋鼯也會馬上啃咬惡化的皮膚，因而造成內臟外露致死。

這就和手術縫線一樣，如果皮膚上有縫線，牠們就會想辦法扯掉這些縫線，拚命啃咬自己的皮膚，真的會讓醫生很想哭。有些醫生會使用無法切斷的細金屬線來縫合，或是使用外科用黏著劑把皮膚加以黏合，而我則是會盡量使用細線，並且採取埋線法，這樣就可以在外觀看不到線頭的情況下縫合內側了。

兔子的骨頭比免洗筷還細、還脆弱

在外傷案例中，因為骨折而來就醫的情況也非常多。其中也有小動物的骨頭很細，非常容易折斷，要連接這種易斷的骨頭非常費工，之後動物又不會停止活動患部、安分靜養，因此動物的骨折比人類的骨折還要難以治療。

如果對象是貓、狗，要是我知道自己無法處理，可能就會把牠們交給整形外科的專科醫師或是大學醫院。然而，對於野生寵物卻無法這麼做，我常常被迫站在「如果我無法處理，其他地方也不會有辦法」的懸崖上，因此必須非常深思熟慮才行。

前幾天，有一隻腳好像骨折了，無法站立的虎皮鸚鵡前來看診，牠細細的腳跟因為內出血而腫起來，一照X光，發現果然是骨折。

說到骨折的治療，大家常會採用金屬夾板和螺絲來固定，以及名為「骨髓內釘固定術」這種植入骨釘的方式。金屬夾板有大小限制，通常尺寸不會過小，因此會使用在貓、狗這種骨頭相對較粗的動物上。另一方面，在處理小鳥、倉鼠這種極小型動物的骨折時，由於找不到適合的金屬夾板，就會使用打針的方式，在骨髓植入細鋼釘。

而這隻骨折的虎皮鸚鵡也是，我在牠骨折的正中央部位打針，採取從骨髓內固定的方法。在針頭的另一端會有可以把細鋼釘插入身體的活塞，只要把活塞按壓下去即可。

兔子也常常骨折，我們醫院有很多從其他醫院轉介來的案例，在處理兔子的骨折手術上也需要一些訣竅。

為了快速逃離天敵，兔子必須蹦蹦跳跳，因此牠們的身體很輕，骨頭也很輕。貓的骨頭重量是體重的一三％，相較之下，兔子的骨頭卻只占體重的八％，因此可以得知兔子的骨頭是非常脆弱的。

用來固定貓、狗骨折的金屬夾板，對兔子來說還是太大了，在骨頭中間植入骨髓內釘的方式，又會因為兔子跳躍時的衝擊，導致比釘子還脆弱的骨頭產生碎裂的危險。

這時候，我會採取自己較偏好的骨外固定法，這是在人類手指骨折和開放性骨折等狀況下會採取的固定骨頭方法，就像從皮膚外貫穿骨頭中央那樣，用好幾根釘子牢牢刺進骨折的部分。穿刺骨頭就是骨外固定法的重點所在。

從外觀看來，直接把治療器具穿過皮膚、刺入骨頭，一定非常疼痛。然而，骨外固定法的確可以牢牢固定住，也能在不切開骨折部位的情況下進行，造成的肌肉損傷也很少，骨頭就可以盡快癒合。

我們醫院所使用的骨外固定器，是醫療器材業者為了野生寵物製作出來的極小尺寸，當時對方帶來給我，對我說：「醫生，請試用看看。」於是，我就成為了早期採用者。

然而，和骨髓內釘相比，骨外固定的技術更加困難。如果是大型醫院，就可以一邊使用能

小型動物的骨折治療

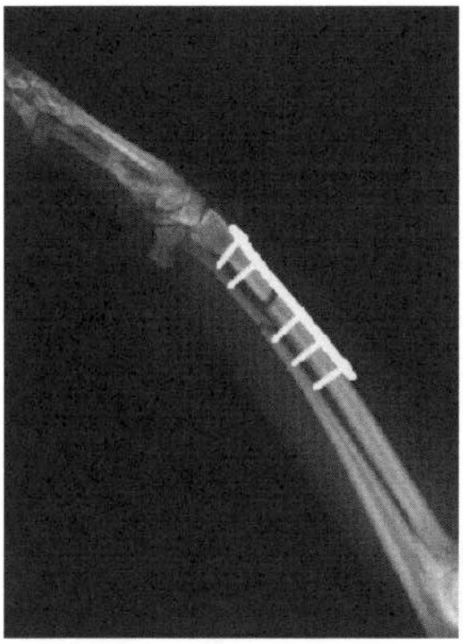

使用特製極小骨外固定器的兔子骨折治療法。

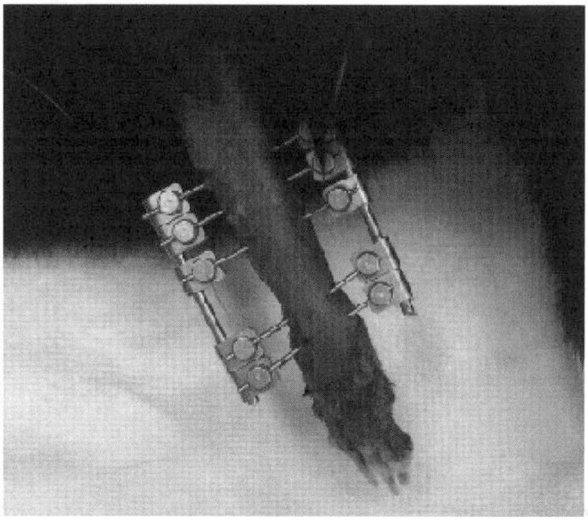

用金屬夾板固定玩具貴賓狗的前肢關節骨折。放上金屬夾板後，再用螺絲加以固定。

夠即時看到骨釘植入狀況的X光透視設備，但是我們醫院並沒有。因此，我只能藉由觸摸來感受骨折的地方，然後朝著骨頭的正中央植入釘子。這時候要是釘子沒有確實貫穿骨頭中心的話，骨頭就會碎裂，因此要植入釘子需要非常強大的感覺和直覺。

有一次，一隻右前肢和左後肢都搖搖欲墜的耳廓狐前來就醫，據說是不小心被門板夾到了。

在這裡要稍微補充的是，小動物之所以會骨折，有九成的原因都是因為飼主，包含動物墜落、被踩到、被門板夾到、被抓得太用力等。

接著，我替這隻耳廓狐照了X光，發現

牠的右前肢關節整個斷掉了，左後肢的趾關節也被撞碎，四根趾頭都斷了。

在這種情況下，我的手術時間和心力都會是以往的三倍。為了不要太過在意時間，全心投入手術，於是我就在診療結束後的深夜進行手術。

體重不到一公斤的耳廓狐，骨頭就和兔子一樣又細又脆弱，如果我錯估手術中的力道，很有可能又會讓牠骨折了。

特別是牠的四根趾骨就像竹籤一樣細，我就用骨髓內釘的方法，謹慎地一根一根植入，而右前肢關節的部分則採用骨外固定法來處理。這隻耳廓狐若要完全康復，大概要花費兩個月左右的時間，只要牠「安分」的話，我想是痊癒是沒問題的。

花費那麼長的時間，順利完成兩隻腳的骨折手術，當時我還想著：「我還挺行的嘛！」沒想到一個月後進行診察時，就出現以下的對話：

「醫生，這個孩子在手術後的狀況明明非常好，但是昨天突然又不能走了。」

「咦？請讓我看看！」

「……」

明明上一次才固定好的右前肢居然又骨折了……

耳廓狐會在大自然中挖洞穴生存，即使是被人飼養之後依然留存著這個習慣，才會用前肢拚命在籠子的角落挖洞。這隻耳廓狐透過手術固定骨頭之後，似乎心情不錯，又開始挖洞了，於是導致裝上骨外固定器的部位發生疲勞性骨折。

我非常沮喪，但還是打起精神再做一次骨外固定手術，也要飼主嚴格遵守讓牠安分的叮嚀。三個月後，這隻耳廓狐終於完全康復了。雖然原定的兩個月痊癒時間變成四個月，不過牠現在已經可以很有精神地跑來跑去了。

「截肢」也是骨折治療的選項

提到人類的骨折，一般的印象都是用石膏固定，但動物就不是如此了。有些動物可能會因此覺得很有壓力，所以在大多數的情況下根本就無法打石膏。

如果能夠順利用石膏固定當然再好不過，只是這種方法很難用在花栗鼠和青蛙的身上。此外，像草原犬鼠這種會對石膏非常敏感，而且一直啃咬的動物也不適合。

此外，用石膏固定並不簡單，太鬆會掉落，太緊又會因為血液循環不良而造成壞死，特別是那種又小又愛亂動的動物更是如此。事實上，用石膏來治療動物骨折有極高的難度。

一般來說，只要動了手術，動物就會有舔舐傷口的傾向，因此要用「伊莉莎白項圈」這種像是衛星碟形天線的物體套住脖子，來預防牠們舔舐傷口。

只不過這也會讓動物覺得有壓力，像兔子就會因此不吃飼料。另一方面，動物醫生也會因為沒有為動物套上伊莉莎白項圈，讓動物舔舐傷口造成傷口裂開，而造成壓力的累積。

基本上，我們醫院幾乎不會為動物套上伊莉莎白項圈。相對地，就算動物舔了傷口，我也會心平氣和地面對，好好重新縫合傷口。使用細線的話，外觀看起來就不會太突兀；如果使用埋線法，就不會在皮膚表面露出線頭。

然而，和一般的縫合相比，這種方法既麻煩又花時間。根據不同動物醫生的做法，有些人會覺得手術時間短比較好，也有人會覺得手術時間長一點沒關係，只要縫得漂亮，手術後也不用在動物的脖子上放任何東西，就結果來說會比較好。在這種情況下，哪一種方法才是對的？這當中並不容易取得平衡。

也許大家會覺得骨折能治好是很理所當然的，但是動物的骨折並非「理所當然就會好」。在獸醫界，骨折手術是屬於極為困難的外科領域，這是因為要控制動物的行動並不容易，根本無法讓牠們「安分」，或是「一個月不要動到骨折的地方」。

假使只是稍有位移的骨折類型，只要不亂動，就會自然痊癒；然而要是不斷地晃動患部，或是導致細菌跑到骨折的部位，骨頭就會沒辦法癒合，這樣下去的話，可能一輩子都無法痊癒，導致骨頭癒合不全。為了不要變成這種情況，必須盡快加以固定。所以，能夠讓動物的骨折完全痊癒，可以說是非常令人驚喜的事。

骨折的治療方法，除了金屬夾板法、骨髓內釘法、骨外固定法以外，還有一個方法就是截肢。與其讓牠拖著無法固定的四肢，還不如直接截肢。乍聽之下，採取這種做法似乎非常胡鬧，但是事實上，對於體重很輕的野生寵物而言，就算切斷一隻腳也不會有什麼嚴重的問題。

像倉鼠這樣的小動物骨折，要動手術就非常困難，術後管理也很辛苦，因此比起動手術接骨，截肢對倉鼠來說的風險還比較小。就算變成只有三隻腳，牠還是可以自然地奔跑、玩樂，不知情的人乍看之下也不會知道牠少了一隻腳。

當然，有很多飼主都討厭截肢的提案。

「沒有腳也太可憐了……」

的確，因為沒有腳而不斷痛苦著、面臨生活上諸多不便、將來還有可能會發生問題，真的很可憐。

不過，倉鼠就算只剩下三隻腳，也不會一直感到疼痛，更不會因為沒有腳而失落。少了一隻腳的倉鼠看起來確實很可憐，只是拖著一隻骨折的腳卻會更加痛苦。

想盡辦法發揮愛心，努力把開放性骨折的倉鼠治好當然很重要，不過我認為有時候優先考慮對倉鼠而言最好的生活方式，才是當務之急。

二、兼任外科醫師、內科醫師與牙醫師的我

「醫生，請幫忙我們家的孩子拔牙。」

「現在這樣太危險了，請拔掉牠的牙齒吧！」

有很多飼主都為了處理懶猴、長臂猿、松鼠猴、浣熊等動物的尖銳牙齒（犬齒），而來到我們醫院。在這種情況下，動物醫生也要化身為牙醫師。由於長久以來都在幫各種動物拔牙，現在拔牙也變成我擅長的一項技術了。

曾經有飼主來到醫院，要求我切除浣熊的牙齒。講到浣熊，大家應該都抱持著牠很可愛的

印象，但那只是因為日本卡通《浣熊拉斯卡爾》的形象太可愛的緣故。事實上，牠們是很凶暴的，在獸醫界甚至被稱為「殘暴熊」。為了不要讓浣熊逃走，飼主會把牠緊緊關在有蓋子的衣物收納箱裡，等抵達醫院時，牠差點就窒息了。

牙齒的處理大致上分成「切除」和「拔除」兩種。若是要切除的話，用鑽石切割機就可以切斷露出牙齦的部分。但光是切除的話，牙髓還是會露出來，這時候就要在牙髓抹上牙科用黏合劑，這並不會花費太多時間。

但是，如果要拔掉大顆牙齒就很費力了，就算牙齒露在外面的部分只有幾公分，埋在牙齦裡的長度卻高達一倍。想要拔掉的話，就要先切開牙齦，削掉埋在牙齦裡的齒槽骨，之後才能進行拔牙作業。我還沒有習慣這個流程，因此會花費很多的時間。

雖然切除的處理會比較輕鬆，只是如果包覆在外的牙科用黏合劑剝落，就可能會有細菌侵入而造成發炎。如果一定要要處理牙齒的話，用拔的才不會造成壞死的情況。

也有很多飼主會覺得「拔掉太可憐了」，而希望用切除的方式。

但是，要是沒有用鉗子等工具適當切除，進行完善的處理，之後就會經常化膿。

曾有一隻下巴浮腫的松鼠猴和懶猴到我們醫院就診，這是因為在切除犬齒時處理得太過馬虎，留下來的牙髓就會化膿腫脹。如果發炎症狀變得更嚴重，這個部分就會壞死，造成臉部發炎破洞。

還有一次，醫院裡來了一隻眼睛下方發炎破洞、不斷流膿的長臂猿。這隻長臂猿本來在寵物店裡的狀況就非常差，之後才被好心人買來飼養。

這隻長臂猿還在寵物店販售時，犬齒就已經被切除了。恐怕是因為處理得太糟糕了吧！從牙髓進入的細菌引起發炎症狀，這也成為牠眼睛下方發炎破洞的原因。在寵物店的三年內，牠一直都處於這種狀態，常常不斷流膿。

就算到了治療猴子經驗相當豐富的醫生那裡也無法治癒，所以飼主才會輾轉來到我們醫院，詢問我能否幫牠做些什麼。

我進行抗生素的敏感性試驗，並且依此結果來開藥，但還是怎麼樣都沒有好轉。恐怕是因為切除後的牙根還殘留在某處，才會導致狀況不斷惡化。然而，無論照X光還是做什麼處理，卻始終找不到殘留的牙根。

牙根埋在裡面，就像沉到海中會吸引魚兒的消波塊一樣，聚集到消波塊附近的魚兒怎麼趕都趕不走。細菌會不斷聚集在牙根，無論施打多少抗生素，只要牙根還在就無法根治。

儘管如此，飼主依然再度前來，表示希望能再為牠做些什麼。於是，我告訴對方：「那就用電腦斷層掃描進行一次詳細的檢查吧！」我們醫院裡並沒有電腦斷層掃描儀器，於是我想不如就把這隻長臂猿帶到有電腦斷層掃描設備的專門醫院，請對方協助拍攝。

我打電話給影像診斷專門醫院，進行預約。

「不好意思，這裡有一個想要做電腦斷層掃描的病例，是一隻猴子。」

「咦？猴子嗎？要處理可以，但是要麻煩主治醫生一起過來。」

這句話的意思是這樣的：要進行動物的電腦斷層掃描必須施行全身麻醉，但是在這種專門醫院裡，當然沒有能為猴子施打的麻醉藥劑。當然還是可以進行電腦斷層掃描，只不過麻醉藥劑和其他相關的準備，就要麻煩主治醫生帶過來了。這也是沒辦法的事，於是我就利用休診日，帶著那隻長臂猿前往專門醫院。

就這樣進行電腦斷層掃描後，我們發現三公釐的牙根就埋在眼睛下方的骨頭裡。

「找到了！就是這個，這就是無法治好的原因！」

我才高興沒多久，就想到三公釐的牙根依然是一大問題。憑我的技術，要取出埋在臉部深處的極小牙根還是十分困難的。

動物醫生也會變成牙醫

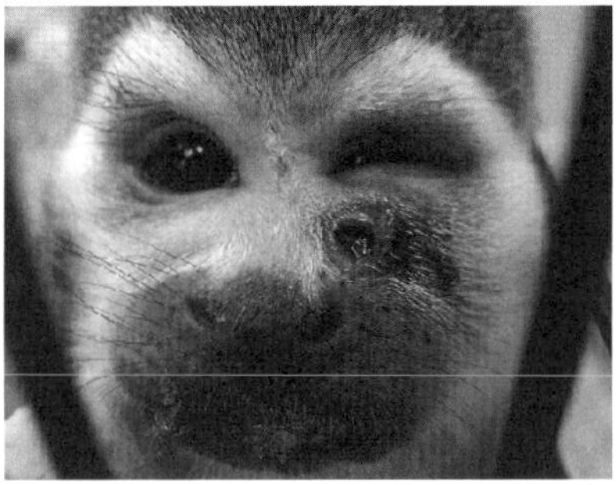

沒有適當地切除犬齒，導致整張臉腫脹的松鼠猴。這種案例其實非常多。

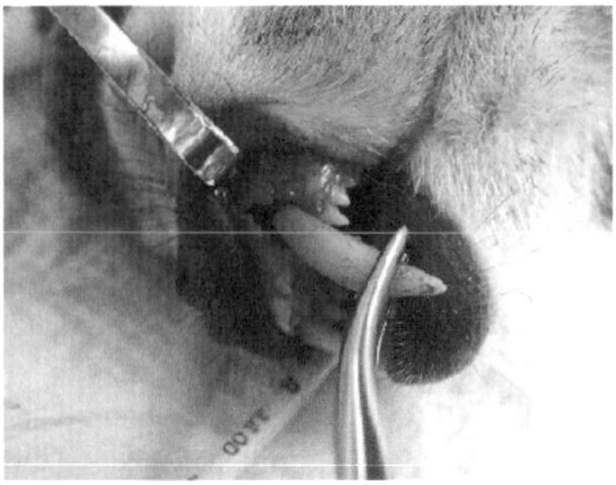

幫松鼠猴拔牙。比所見部分還要長一倍以上的牙根會埋在牙齦裡。

於是，我這次去找了動物牙科的醫生商量。動物牙科主要是治療貓、狗牙齒的動物牙醫，很幸運地，我有一位大學時代的同窗正好是動物牙醫。我打電話說明事情始末，拜託對方幫忙。

「咦？長臂猿的牙根？我沒有治療過猴子的牙齒啊！你的要求可能有點……」就這樣，我被拒絕了。

說的也是，就連我也不曾治療過長臂猿的牙齒。但是，只要有困擾的飼主在，我就會絞盡腦汁想幫上什麼忙。

「你只要忘記牠是猴子就好了嘛！『猴子』是我要煩惱的事，我只想請你把埋在骨頭裡的三公釐牙根拔出來，拜託，幫幫我吧！」

我就這樣說服對方，好不容易才讓對方接受。於是，動物牙醫和我花了兩個小時，總算成功取出埋在長臂猿臉頰中的三公釐牙根。

取出三公釐牙根不過一個禮拜的時間，花了好幾年都治不好的膿液就不再流了，完全宣告治癒。飼主非常高興，我也終於結束了這個大工程，卸下肩上的重擔。這是只有我一個人絕對無法治好的病例，讓我留下非常深刻的印象。

總的來說，在治療野生寵物時，不一定非得是該種生物的專家，應該說從獸醫界最基本的層面加以思考，透過應用能力來處理才是最重要的。

切去兔子咬合不正的牙齒

在人工飼養環境下，動物的牙齒會出現很多問題。

像貓、狗這類的食肉目動物，原本就要吃其他的動物才能生存，牠們過著撕裂其他動物的肌肉、骨頭、內臟，再吞下肚的生活，因此以寵物食品當成主食養大的貓、狗，很容易會產生牙垢，牙垢就會形成牙結石，最後演變成牙周病，這樣的案例非常多。罹患牙周病以後，牙齦會引發齒槽膿漏症，導致牙齒搖晃不穩。為了避免這樣的狀況，平時就要好好照顧牙齒，這是十分重要的，但是大多數的貓、狗並不怎麼配合，等到年老後就得經常拔牙。

像是兔子、豚鼠、絨鼠這類的動物，門牙與臼齒一生都會不斷生長。如果這些動物的咬合狀況不佳，門牙就會朝著完全不對的方向生長，臼齒也會改變生長的方向，進而造成口腔內黏膜受傷，最後動物就會因為疼痛而無法進食。

關於咬合不正的原因眾說紛紜，不過恐怕最大的原因是激烈啃咬籠子的鐵絲網，這個動作會對牙根造成負擔，導致牙根彎曲；或是牙齒曾一度斷掉，導致咬合出現問題，朝著不同的方向生長；不然就是在咬合上遺傳了不良基因等。只要有過一次咬合不正，就很難完全治好，不是要拔除長壞的牙齒，就是要持續定期剪牙。

我們醫院也常常幫兔子、豚鼠、絨鼠等動物進行牙齒治療，協助剪斷朝著奇怪方向生長的門牙，或是用牙鑽頭削掉臼齒。

特別是在削掉臼齒時，因為動作比較激烈，所以通常會在全身麻醉的狀況下進行；不過如果只是臼齒稍長、或健康狀態太差無法進行麻醉的話，就必須在無麻醉的狀態下執行。

近年來，迷你兔和絨鼠非常受歡迎，所以有越來越多的案例是，過去兔子使用的臼齒剪都太大了，根本無法派上用場。就算想要在不到一公斤的小荷蘭侏儒兔（一種兔子的品種）口中放入臼齒剪，然後剪掉臼齒，牠的整個嘴巴也會被剪刀塞滿，完全看不到嘴裡的狀況。

於是，我找醫療器材製造廠商商量，對方就為我製作可以用於迷你兔、絨鼠及豚鼠身上的小剪刀。

這種小剪刀命名為「田向式臼齒剪」，是非常單純的工具，不過依然花費一年以上的時間才得以商品化。這樣一來，就算把這項工具放入小動物的嘴巴裡，也可以毫無壓力地剪牙了。現在，田向式臼齒剪也能在網路上買到。

在診療野生寵物時，我常常都會想著「如果有這種工具就好了」。現在我最想要的是，裝在吸塵器前方那種，可以讓動物不被吸起來的擋板。

在動手術前，我會剃掉動物的毛，同時要用吸塵器吸乾淨。為了不讓像倉鼠這種小動物也一起吸進去，我得用手擋住吸塵器的吸頭，小心翼翼地進行。同業之間都會笑著說：「吸進去

一生都會不斷長牙齒的兔子

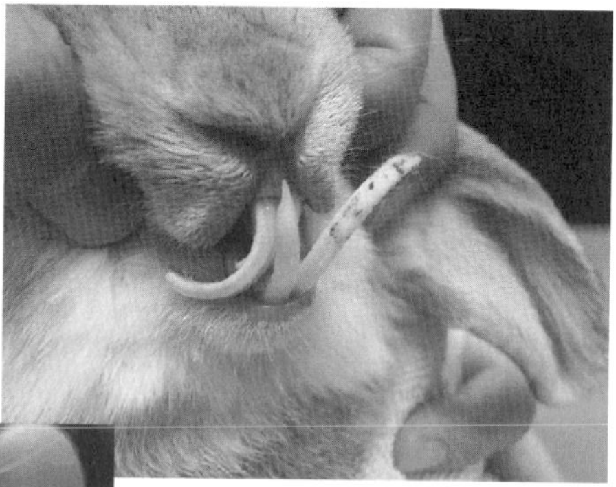

① 兔子咬合不正是很常見的案例。不只是門牙，牠們的臼齒也會長長，必須幫忙修剪。

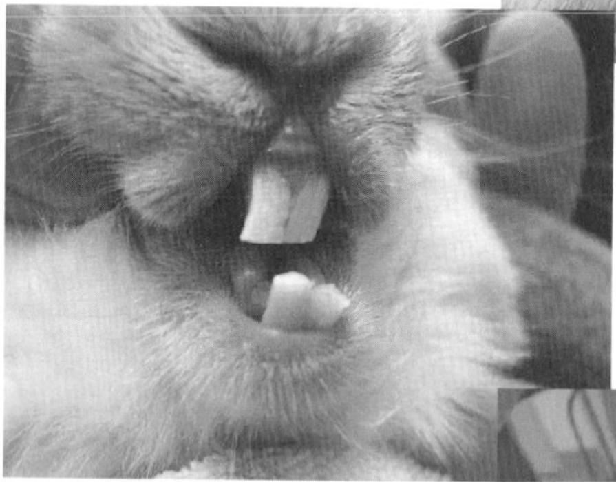

② 剪完門牙以後，看起來非常舒爽。不過，只要有過一次咬合不正就很難根治，必須定期剪牙。

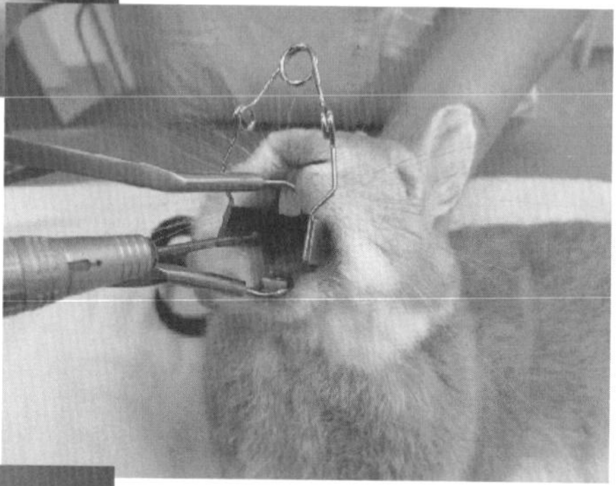

③ 如果要好好治療兔子等動物的臼齒，就必須進行全身麻醉，並且使用開口器。

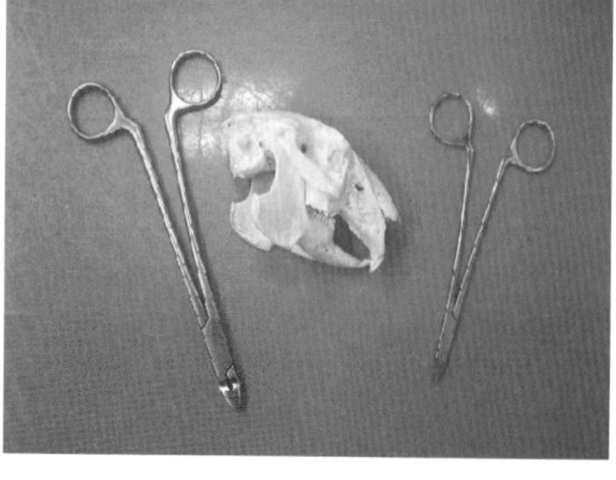

④ 由於兔子的嘴巴很小，會被工具塞滿，導致什麼都看不見。左邊是以前使用的剪刀，右邊則是田向式臼齒剪。

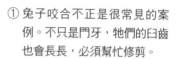

的話，會很恐怖耶！」這種不知哪天會把這些小動物吸進去的感覺，真的很恐怖。

因此，我就在思考著可不可以有那種「只吸毛，不吸動物的吸塵器吸頭擋板」，我覺得這一定有市場，不曉得有沒有業者想要開發？日本大概有一萬家左右的動物醫院，我想應該可以賣出一萬個吧！

話說回來，前幾天有一隻被吸進家庭式吸塵器裡的倉鼠來看病。牠受到非常嚴重的腦震盪，我就讓牠住院幾天，直到牠恢復精神後才出院。在打掃時，是不能讓倉鼠從籠子裡跑出來的。

導致呼吸道阻塞的牙齒疾病

與兔子牙齒疾病有關的，還有會在臉部和下巴化膿的「膿瘍」。細菌會從牙根入侵，造成化膿、腫脹。很遺憾地，這種疾病有八成都治不好。

雖然我會透過服用抗生素、開刀讓膿流出來的方式進行治療，但卻很難根治。正因為無法期待根治，就只能好好照顧，避免惡化並維持現狀，或是只能稍微有所改善。不過，基本上膿瘍是不會致死的，因此我希望大家抱持著「如果治好真的很幸運」的想法來面對這種疾病。

對飼主來說，這也是相當煎熬的疾病。讓飼主帶著動物來醫院，最終只能聽到「這種疾病基本上很難治好」的回應，我也覺得很痛苦。光是看到生病的動物就很心痛，可以的話，我也想要治好牠們，只是以現代的動物醫療來看，目前還是無法做到。為了讓最受折磨的動物本身不要如此痛苦，我也只能和飼主同心協力了。

說到無法治療的病，還有草原犬鼠在人工飼養環境下所發生的疑難雜症——齒瘤，也稱為牙瘤（odontoma）。

草原犬鼠有四顆門牙，而這種疾病會造成牠們的上顎門牙的牙根呈現瘤狀，導致底下的氣管塞住。如果瘤狀的部分變大，呼吸就會變得困難，而後氣管會變窄，最後導致窒息死亡。

這個原因其實和飼養環境有關。草原犬鼠的門牙是屬於一生都會持續生長的牙齒，在這種一生都會長長的牙齒牙根部分，有著會長出牙齒的細胞，把牙齒慢慢往前推。

然而，假使把草原犬鼠飼養在鐵籠裡，牠們就會啃咬鐵籠。如果這種不必要的振動傳到牙根，或是因為某種原因而導致門牙斷掉，把牙齒推送出去的細胞就會受到刺激，因而發生異常，導致牙齦變成瘤狀。

現在草原犬鼠已經禁止進口，飼養的數量也縮減，因此我碰到這種疾病的機會也變少了。

不過，直到好幾年前為止，這還是我經常遇到的疑難雜症。也有很多因為無法呼吸、太過痛苦而翻白眼的草原犬鼠會來我們醫院看病。

我會開給這些草原犬鼠抗生素、消炎藥及吸入型藥物，但是由於經由空氣吸收有一定的限制，內科治療手段仍有它的極限。

所以，我會進行好幾種外科治療。第一個方法就是拔除造成這種疾病的原因——牙齒。草

草原犬鼠的齒瘤

草原犬鼠很親近人類，雖然也曾有飼養數量非常多的時期，不過隨著禁止進口，就醫的數量也減少了。

切下一片圓形皮膚，用鑽孔機把骨頭鑽出一個洞。在呼吸孔的狀況穩定之前，要先縫上塑膠板。

原犬鼠的臼齒大約三公分長，但是露出外面的部分不過只有五公釐，再加上牙齦的部分變成瘤狀，從正面拉是絕對無法拔除的。我必須削掉上顎的骨頭，才能讓牙齒變得更容易拔出來。只是草原犬鼠的口腔本來就很窄，是連我的一根手指都不曉得能不能放進去的大小，因此是相當困難的手術。

還有一個方法，就是用鑽孔機在眉間的骨頭鑽出一個呼吸孔，確保該孔洞可以當成呼吸道，就像海豚那樣。

然而，這也會發生很多狀況，包括出血過多、隨著時間流逝而導致呼吸孔塞住、牙根的瘤狀物太大而無法繞過等。在執行的各種手術中，這兩種手術讓我覺得非常困擾，是我最不想動的手術之一。

雖然世界上有許多的動物醫生都在思考，但是現在仍未開發出一套決定性的治療方法，因為只要動物不同，罹患的疾病也會有很大的變數。

也許就算窮盡一生，我也無法趕上這些變化吧！

第七章

為什麼動物會吃下不該吃的東西呢？

- 誤食寵物墊的三公尺大蛇
- 為身長兩公分的雨蛙進行剖腹
- 吃太多蓮藕而嘔吐不止的狗
- 和六十公斤的「迷你豬」奮戰

誤食寵物墊的三公尺大蛇

所謂的誤食，就是指不小心把異物吞掉的意思。人類的話，除了很小的小孩以外，幾乎不會誤食一些奇怪的東西，不過卻有不同的動物因為吃下各式各樣的東西而到動物醫院就醫。如果症狀很輕微，我就會想著處理這些情況是「動物醫生的特權」，心情也會輕鬆一些。

雪貂是常常誤食的動物，牠們喜歡軟綿綿的東西，在玩橡皮擦、橡皮筋、浴室的墊子、海綿、布等物品時，就會吞下這些東西，結果造成腸阻塞。如果是完全塞住的情況，就要進行緊急手術，放任不管會造成死亡。

另一方面，兔子就很少會誤食，牠們的性格比較謹慎，也會很仔細地咀嚼，因此不太會吃下奇怪的東西，不過牠們會很頻繁地理毛，導致胃裡囤積毛球的「毛球症」（腸胃阻塞）。有許多的動物最後都會自行吐出毛球，但是兔子的食道括約肌太過發達，根本就吐不出來，這一點和馬相同。

此外，烏龜等動物就算誤食了，這些東西大多也會混在糞便裡一起排出，因為牠們的消化道構造非常簡單。即使是吃下小石頭和鐵釘，大多在幾個月後就會排泄出來了。

除了烏龜以外，在飼養爬蟲類時，有很多人會在水箱中鋪上細砂，看起來是很酷的設計。確實，這乍看之下很有野生環境的氛圍，做得也很有感覺，只是這種細砂和自然界的砂粒並不相同，是人類用篩子做出來的大小均一物體，因此如果牠們不斷吃下黏在飼料上的沙子，也會引起腸阻塞。人類用這種「很有感覺的環境」來飼養爬蟲類，反而會自討苦吃。

再者，在人工飼育的環境下，牠們也會吃掉一些意想不到的東西。

「我家的孩子好像把寵物墊吃掉了！」某次有位飼主這麼說著，然後就把他家的大蛇帶來了。那是一種名叫紅尾蚺的品種，可以長到三、四公尺，這條紅尾蚺則長達三公尺，看起來非常巨大，很像在電視上看到外國人圍在脖子上的蛇那樣，是一條很重的大蛇。

根據飼主的說法，這條送來醫院的大蛇好像「非常神經質又偏食」。有些蛇的確是會這樣，但是為什麼會吃掉寵物墊呢？

一般來說，蛇的飼料是冷凍老鼠，但是這條大蛇很討厭老鼠，除了小雞以外，什麼都不吃。如果是普通的蛇，只要用鉗子把飼料夾給牠，牠就會發出嘶嘶聲，然後湊上前吃下；但是這條蛇卻不會在飼主的面前吃東西，因此飼主只能在晚上偷偷把解凍的小雞放到籠子裡，隔天早上食物就會不見了。

然而某一天，飼主發現鋪在籠子裡的寵物墊和昨天放好的小雞都不見了。基本上，我們都會在蛇的籠子裡鋪上寵物墊，可是一旦誤食就麻煩了。

我認為恐怕這條蛇是想要吃小雞，卻不小心咬到寵物墊，牠以為這也是小雞，於是就這樣一起吞掉了。這條蛇被帶來醫院時，肚子有一部分是鼓起來的。

蛇的誤食大多會和糞便一起排出或是吐出，以前曾經有過一條吃下自己尾巴的笨蛇，結果沒多久就吐出來了。

飼主也想著，這條紅尾蚺會不會想辦法把墊子吐出來，兩個禮拜以來都在觀察狀況，如果換成是我也會這麼做。

然而，就算之後繼續餵食這隻紅尾蚺飼料，牠也沒有排泄出來，寵物墊又因為吸水而膨脹，讓牠的肚子變得鼓鼓的。

再這樣下去的話，牠會開始不吃飼料，最後就會餓死，因此我決定要進行剖腹手術。儘管如此，這條蛇還是太大了，就算我合併兩個手術台，然後把牠放在上面，牠的尾巴還是會超出手術台。

我一割開這隻紅尾蚺的肚子，就發現裡面塞了一個白色的固體。我用鉗子夾住前端，然後把東西拉出來，果然是那張寵物墊。

即使早已知道是什麼，但是當我看到一張這麼大的寵物墊時，還是忍不住笑了出來。

為身長兩公分的雨蛙進行剖腹

青蛙和墨西哥鈍口螈等兩棲類動物的視力非常不好，只要是會動的東西，都會當成飼料而有所反應。因此，如果水槽中的石頭因為水流而有些許移動，牠們就會誤認為是飼料，然後一口咬下。換言之，牠們經常會誤食。

我們醫院就有特別多青蛙誤食的案例，我大概是這個世界上從青蛙胃裡拿出最多異物的動物醫生吧！

有一種青蛙名叫小丑蛙，別名是圓眼珍珠蛙，原產於南美洲，身長大約為十公分，是體型較大的青蛙。

這隻又蠢又萌的兩頭身青蛙會在水中搖搖晃晃地游著，大口吃下漂到眼前的獵物。只要是放入水槽的東西，牠就會誤認為是飼料，然後不分青紅皂白地一口吞下。

我必須先麻醉，然後取出牠吞下的東西。不知道是幸還是不幸，圓眼珍珠蛙的大嘴巴有如錢包的開口一般。牠的上食道非常短，東西進入嘴巴後，馬上就會流進胃裡，因此我可以把鉗子伸進牠的嘴巴裡，然後從胃裡取出異物。

細數我們醫院動手術取出的物品，包括鋪在水箱裡的大石頭、六顆漂亮的大理石、測量水溫的溫度計、用來淨化水質的濾網等。

飼主的主訴也大多是「鋪在水箱裡的石頭不見了」、「找不到溫度計」等，吃下大理石的圓眼珍珠蛙是因為「太重浮不起來」，才會被送來醫院。要說牠笨還真的是很笨，但是浮不起來就會溺水，對青蛙而言是很嚴重的狀況。

讓圓眼珍珠蛙張開嘴巴，再把東西取出是一個好方法，不過有時候為了順利取出，還是得進行剖腹手術才行。這時候，誤食就不是什麼有趣的病例了。

曾經有一隻僅僅二．八公克的日本雨蛙，因為吃下鋪在水箱裡的石頭，肚子變得凹凸不平而前來就醫。日本雨蛙是在稻田和旱田中常常會看到的雨蛙，據說是飼主還在就讀小學的小孩看到牠攀在蔬菜上頭，於是就把牠當成寵物飼養了。

我一拍X光，立刻發現牠的胃裡有兩顆大石頭，整個身體都被吞下的石頭撐滿了。所謂的

「大」只是相對性的概念，石頭本身大概只有五公釐吧！

我本來以為能夠從嘴巴夾出雨蛙吞下的東西，但是就算使用最小的鑷子，卻還是無法放入雨蛙的嘴裡。再這樣下去，是絕對不會排泄出來的，想要去除異物，就只能動手術，只是牠太小了，我不知道手術能否順利進行。

「牠可能會在手術中死亡……」我老實地告訴飼主。

「趁著小孩在睡覺的期間，從庭院裡抓一隻其他的雨蛙來代替也好……」如果要更直白一點，我可能會說一、兩句這種惡劣的玩笑話吧！然而，對飼主而言，很難有其他的雨蛙可以代替牠吧！所以我終究說不出口。我的工作是只要飼主認為有必要就得盡力滿足，我已經重申好幾次了。

我向這位遠道而來的飼主傳達手術的危險性，不過對方仍然希望能動手術取出異物。事實上，這隻雨蛙想要存活下去的話，也只有動剖腹手術一途了。

我先對雨蛙進行全身麻醉，慎重地剖開肚子。別以為雨蛙的手術很簡單，並不是順利切開，然後取出物品就沒事了。

手術步驟和其他動物的剖腹手術幾乎相同。首先要割開皮膚，再切開腹部肌肉，然後切開胃，接著取出石頭。取出之後就要按照相反的順序，把胃、腹部肌肉和皮膚加以縫合。

然而，這個微型手術的縫合線比頭髮還細，再加上雨蛙太輕，在縫合時只要一拉線，就會因為皮膚和線互相拉扯，使得雨蛙的身體向上抬。

一旦出現這種罕見的病例，我就會在手術過程中拍照，留下紀錄，但是當時的我並沒有時間可以拍照，因為手術區域還不到一平方公分，我非常專注，而且那隻雨蛙太小，員工在旁邊也只能看到我的手而已，無法幫忙側拍。

這是極為讓人緊張的手術，不過結果非常成功。雨蛙、飼主和我都覺得真是太好了。

在大多數的情況下，飼主都不會站在手術室裡參與手術過程，因此完全不知道動物醫生會做什麼處理。這一次的雨蛙手術雖然很成功，但是萬一不幸失敗了，我也不知道是否能向飼主傳達自己已經竭盡全力了。

有時候我也會想，如果能夠透過候診室的螢幕即時傳達手術狀況，動物醫生的工作內容多少也能傳遞給飼主。

我所負責的手術包山包海，假使是必須讓連接著腫瘤的血管止血，我就要極度細心、屏氣凝神，一刻也不能眨眼，這是為了避免一不小心就剪開血管。就像爬山時要度過路線中最危險的路段一樣，只要想辦法跨越這個難關，就可以解除緊張的狀態，剩下的只要沿著原路折返就好，等到開始下山，這時通常肚子也餓了。在執行大型手術時，通常都會面對很大的傷口，像這種要在皮膚上連續縫合超過一百針的狀況下，我會一邊像縫紉機般有規律、正確地動作，一邊和員工說些不著邊際的話。

「前天吃的拉麵好好吃啊！」

不會流逝的，也許只有聲音而已吧。

誤食會要了牠們的性命

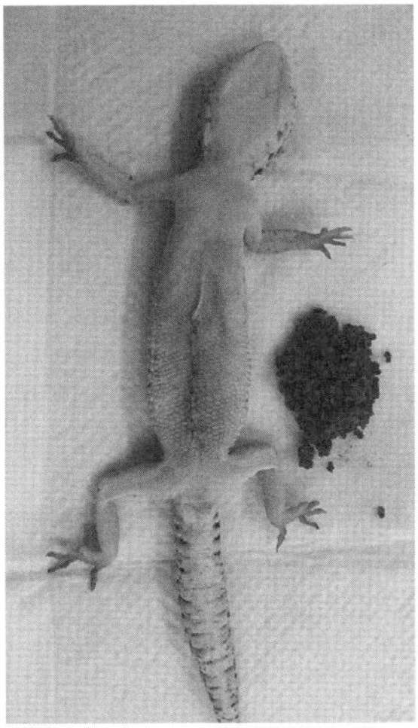

透過手術從胃裡取出沙子的豹紋壁虎。

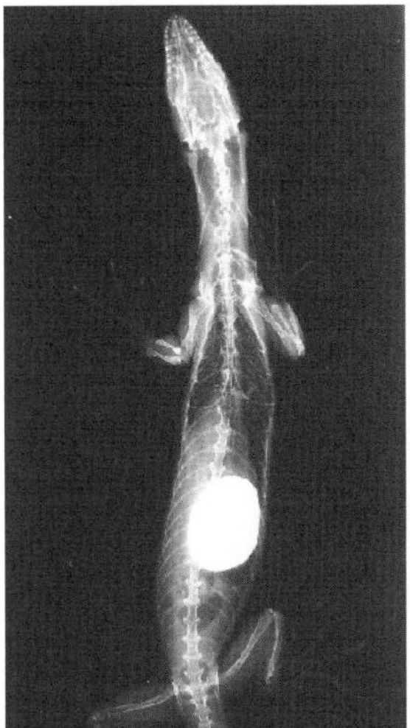

把漂亮的有色玻璃吞下肚的藍尾巨蜥X光照片。

吃太多蓮藕而嘔吐不止的狗

曾有一隻來就醫的狗是因為吃了堆積如山的蓮藕，導致食物全部塞在胃裡。據說飼主買了太多便宜的蓮藕，想要拌炒牛蒡絲，弄好後就放在桌上，就這樣被狗吃掉了一大碗。

一開始，我對飼主說：「因為吃了很多需要消化吧！我想應該沒問題的。」就讓對方回去了。在來我們醫院之前，似乎其他醫院的動物醫生也對飼主表示：「應該沒有什麼問題，回去再看看狀況。」

要順帶一提的是，如果狗誤食東西，可以使用催吐法。根據狀況不同，在吃掉異物後，異物有可能還留在胃裡，異物若是軟的，便可以使用這種方法。假使異物是固態的物體，在進行催吐時很有可能會卡在食道裡，因而造成食道阻塞。就如同我在後面會提到的，食道阻塞的處理既麻煩又危險。

到目前為止，我為狗催吐的東西包括了和碎肉錯綜交織的漁網、放在零食內的乾燥劑，前一陣子還有手帕和手套等。

在催吐時，首先要讓狗吃一點狗食，之後透過注射或是讓牠喝下催吐的藥物。等待片刻，牠就會用力吐出剛剛吃下的食物。在大多數的情況下，誤食的異物都會包覆在嘔吐物裡面。
如果是誤食有毒物質，就必須施打麻醉藥劑，放入導管，讓水流進去沖洗胃部，這稱為洗胃。
對飼主而言，是否要進行剖腹手術就像天堂與地獄的界線一樣。如果能讓狗自己吐出來當然最好，但是催吐又伴隨著食道阻塞的危險性。幸運的是，我至今還沒有遇過這種狀況，也不曾聽過相關案例，不過在處理時還是會膽顫心驚。我都在想著，要是吐出來的一瞬間卡在食道，害狗窒息而死怎麼辦？處理這種事真的對心臟很不好。
接著再回來說說，這隻吃下一大堆蓮藕的狗，後來到底怎麼樣了？隔天，飼主又來到醫院，說：「狗狗喝水也吐，吃東西也馬上吐。我想再這樣下去應該不行，還是請醫生開刀拿出來吧！」
手術會對動物的身體造成負擔，也要花手術費，覺得應該盡可能避免手術的我，一直在猶豫著到底要不要因為狗吃了蓮藕而進行剖腹手術，但是因為狗出現了嘔吐等症狀，我還是做了鋇劑檢測，因為總有一種不太好的預感，於是最後就決定動手術了。
一把狗的肚子切開，我就發現牠的胃擴大成平常的兩倍，胃的表面還顯得凹凸不平，都出現蓮藕的形狀了。

「果然是這樣啊！不管等多久都無法消化，也沒辦法自己吐出來。」於是，我藉由手術拿出所有的蓮藕，這隻狗在動手術後也回復原來有精神的樣子出院了。

據說那位飼主為了作為紀念，還用酒精醃漬取出的蓮藕。結果雖然變成一個笑話，但是這之前我是真的很認真地煩惱著到底要不要動手術。

肉食性動物本來就很擅長「一次吃很多」，所以我也很少聽到因為吃太多食物而塞在胃裡的情況。不過，這一次的案例不禁讓我想著，對肉食動物來說，不易消化的植物性食物搞不好是一大災難。

一般而言，肉食動物也不會喜歡吃蓮藕這種東西，恐怕這隻狗是被牛蒡的甜辣味道刺激了食欲吧！如果換成十塊牛排的話，就沒有消化的問題了。結果，這一次的蓮藕反而付出了很高的代價。

說到誤食，我們必須注意動物不小心吃下線或繩子的情況。貓和狗很喜歡繩狀物，常常放在嘴邊玩，很容易就會吞下，結果和腸子纏繞在一起。

腸道會像毛毛蟲一樣蠕動，將腸內的物質慢慢推送到前端，要是繩子進入腸道裡，卡在某個地方，腸子就會越動越慢，最後像手風琴那樣收縮起來。

如果單純用拉扯的，就會同時拉扯到腸子，動手術又很麻煩，因為要是動作太慢，最後血液就無法流到腸子內，會造成壞死、破損，引發腹膜炎而死亡。所以，絕對不能輕忽繩子所造成的傷害。

此外，有時候動物也會因為飲食太過急促，導致食物塞在食道裡。這種狀況稱為食道阻塞，處理上也很麻煩。

要是塞在食道裡，就會變成不能催吐，食物也無法進入胃裡的狀態。也許大家會覺得只要把食道切開來就沒事了，但是食道就像腸子和胃一樣，要切開取出內容物是很困難的。第一，以組織的性質來說，食道一旦切開，就很難黏合。再加上要處理食道就必須進行開胸手術，並不像所謂的剖腹手術那麼簡單。

為什麼開胸手術會這麼困難呢？首先，哺乳類動物體腔內的胸部和腹部是由橫膈膜分隔的，胸腔會處於負壓狀態。換言之，這是比大氣壓力還低的壓力，只要一呼吸，胸部就會自然擴張，因此可以很輕鬆地呼吸。如果對著胸部打針或是切開胸部，空氣就會進入裡面，造成肺無法擴張，自然就無法呼吸了。此外，胸腔內部還有一顆不停跳動的心臟，也會成為手術上的阻礙，因此要進行食道手術會非常辛苦。

那麼，應該如何處理卡在食道裡的食物呢？我必須在動物的嘴裡放入導管，把卡住的食物壓到更深處，讓東西掉到胃裡。光是這樣說明，看起來好像很簡單，然而事情並不會如此順利。

雖然說是堵塞，但是也不代表該物體的大小和食道恰好吻合，大多都是呈現只有一部分卡住，導致掉不下去的情況。因此，就算我把導管伸進動物的嘴裡，想要把食物往裡面壓，導管也常常會通過食道和異物之間的空隙，根本完全無法壓到。

即使是食道與異物之間毫無空隙的情況，也有可能因為食道太鬆，造成使用導管壓異物時，食道也跟著一起上下移動，一點也壓不下去。

另外，如果做得太過頭，有可能會讓食道破洞，所以必須慎重又有耐心地執行。

我認識一位動物醫生，他曾遇過一個案例是完全無法取出卡在食道裡的肉乾，於是只好花費四小時用內視鏡慢慢敲碎肉乾。在那段時間內，他一直重複著似乎永無止境的敲碎肉乾動作，如果不是抱持著「非做不可」的心情，是無法完成這項任務的。

以前我們醫院曾有一隻草原犬鼠來就診，牠的食道卡著被如同骰子大小的番薯，不停口吐白沫，造成飼主驚慌失措，連我也跟著驚慌失措。世界上沒有一本教科書裡寫到草原犬鼠的食道阻塞治療法，於是當時的我就把犬用的尿道導管插到牠的嘴裡，讓食物順利掉到胃裡，才總算解決了這個危機。

除此之外，我還處理過兩次草原犬鼠的食道阻塞案例，一次是因為小魚乾，另一次則是切成粗絲的高麗菜。當時動物也都在口吐白沫，但是只要有過一次經驗，我就會更有能力處理，只用犬用尿道導管便順利解決了。野生寵物的病例幾乎都沒有前例，瞬間發想和靈機一動顯得非常重要。

和六十公斤的「迷你豬」奮戰

我絕不想再遇到第二次的狀況，就是迷你豬的剖腹手術。

那是一隻飼主大老遠從鄰縣帶來，不斷嘔吐且重達六十公斤的「迷你豬」。補充說明，「非迷你豬」的體重大約為兩百公斤，六十公斤可以說是非常「迷你」了。飼主家附近動物醫院的人似乎表示「這應該是胃炎」，然後就讓牠吃了胃藥，但症狀還是完全沒有改善。

豬的診察非常困難，因為牠們是一種什麼事情都不會配合的動物。無論對它做什麼都會哀嚎，一秒鐘也靜不下來，又會到處亂動，根本無法照X光。再加上這隻迷你豬比我以前遇過的都還大，因此無法把牠放在醫院的X光拍攝台上。

就連要進行血液檢查，也因為脂肪太厚，針頭無法插入血管；要做超音波檢查，又一直哀叫、亂動，完全無法進行。到頭來什麼事也不能做，既然得不到資訊，就無法接續處理。

最後，我只能對牠施行全身麻醉才有辦法檢查。我把鎮定劑注射到牠的屁股裡，牠的皮膚太厚，針頭都差點要彎掉了。

好不容易打好麻醉，我想要一次完成所有步驟。我委託內視鏡（胃鏡）的專家，希望可以幫忙察看胃裡的情況。

把鏡頭伸進迷你豬嘴巴裡，通過食道後再進入胃，我發現牠的胃中充滿像是淤泥般的土黃色液體。內視鏡當然是完全防水的，但是在汙水中卻什麼也沒看到，就算在內視鏡上裝了吸收液體的裝置，胃內的汙水還是馬上就堵住吸頭。

我花了兩個小時請對方幫忙檢查，結果看到的也只有滿滿的淤泥。

專家說：「裡面恐怕沒有異物。」但是一般而言，這種胃液量並不尋常，於是我又再次問道：「真的沒有什麼異物嗎？」

「雖然無法確定，但是我想應該沒有。」

聽到這個結果之後，我的苦惱又增加了。在工作現場，這種「應該」真的很麻煩。如果沒有確實告知「有」或「沒有」，我就會進退兩難；然而如果要更詳細地檢查，就只能動剖腹手術了。要切開這隻迷你豬充滿超厚脂肪的肚子，真的不是普通的辛苦。

內視鏡也只不過是一個診斷器具。就算花費好幾個小時照內視鏡，只要一取出這個工具，迷你豬的麻醉藥效又消退的話，就必須從頭開始了。

一想到隔天那隻迷你豬還是會一直嘔吐，飼主的煩惱也不會停止，我就更加猶豫不決。

我可以對飼主說：「我已經請專家看過內視鏡，還是無法了解狀況。」然後就此放棄，但是這麼做的話，我也本身沒有任何進步。

我也可以選擇說：「再觀察一下狀況吧！」然而，這也不過是在安慰飼主而已，至少這無法安慰我。

看了這隻迷你豬至今為止的症狀和累積的胃液量，顯然再怎麼思考也不會有結果。幾經躊躇後，我終於下定決心要進行剖腹手術。

我讓迷你豬仰躺在手術台上，用知名剃刀公司——羽毛（Feather）所做的手術刀朝牠的肚子上劃一刀，立刻看到又白又厚的脂肪，再怎麼切都只有脂肪，也許用厚刃菜刀會比較好。

我持續切了八公分左右的脂肪，才終於看到了肌肉。

一切開肌肉，發現胃裡果然積滿胃液，我暫時置之不理，決定把腸子全部拉出來，結果竟然有什麼東西塞住了！這是腸阻塞。確實，如果是在這個位置，就算內視鏡放得再深也看不到。我切開腸子，把異物取出來看，是像抹布一樣的東西。

「就是這個！這就是原因啊！幸好我有打開來看看。」

我了解到這就是所有事件的起因，然而迷你豬的胃還是一樣鼓鼓的。我有預感，要是自己什麼都不做就縫合，之後一定會後悔不已。胃真的沒問題了嗎？如果牠又開始嘔吐，我是不是會想著要是當初有檢查出來就好了呢？

然而，當下已經過了四小時，全身麻醉的時間也到了極限。

我非常煩惱，之後如果又要切開這個傢伙的肚子，也太對不起牠了。只是既然都已經切開了，果然還是會想要做到最後，我就是一個既然做了，就要索性做到底的人。

因為那些淤泥，牠的胃又鼓又脹，因此我決定先稍微切開胃壁，然後把真空細管插到洞裡吸出胃液。吸頭部分是金屬製的，上面開了很多的小洞，所以能夠把胃液吸出。

然而，現實不會如想像般順利，這個世界不是那麼簡單。

由於胃液呈現淤泥狀，惡臭不斷從胃壁的洞口中散發出來。就算我想要用真空細管吸出胃液，淤泥中的細小雜質還是會塞在管子裡，吸一下子就要清洗，再吸一下又要清洗。

「啊……真的是沒完沒了啊！」

我老家的廁所是直沖式馬桶，從小我就和那些開水肥車的老爺爺感情很好，當下我回想起曾經近距離觀察過他們工作的情形，於是拿下金屬製的吸頭，而後朝著胃中的泥水中心直接插入管子，發現管子的前端像是有什麼東西堵住了。我覺得這是一個很重要的線索，於是奮力地把管子拔起來看，馬上發現吸到一塊如同破抹布般大小的拖布。

「喔喔喔喔喔喔！」我和員工都忍不住大聲歡呼。

原因就是這個，由於豬什麼都會吃，不小心誤食了拖布，只有一部分進到腸子裡，大部分都還留在胃裡，所以才會產生這麼多的胃液，連內視鏡都找不到藏在胃液中的拖布。如果那時候我沒有剖開胃來看、沒有拿掉吸頭，肯定不會注意到。

一般來說，認真的醫生是絕對不會做出這種拿掉吸頭，直接吸取胃液的胡鬧舉動。然而，一旦陷入瓶頸，我就會在一瞬間想到「某個點子」，而做出平常絕對不會做的舉動。

拿出迷你豬胃裡的拖布後，我就用極粗的針縫合牠滿是脂肪的肚子。從內視鏡檢查到取出拖布為止，一共花費了六個小時。這種迷你豬的腸阻塞和胃內異物取出手術，真的是辛苦到讓我印象深刻。

不過，我不想再做第二次了。在我的動物醫生生涯中，這是把我推向更高境界的一次手術經驗。

迷你豬吃了什麼？

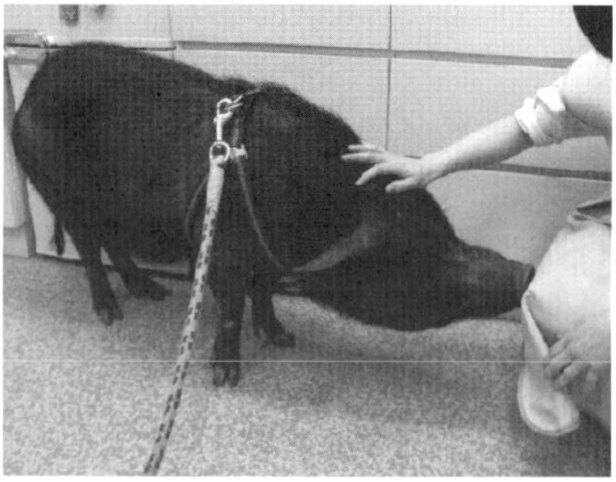

巨大的「迷你豬」體重為六十公斤！

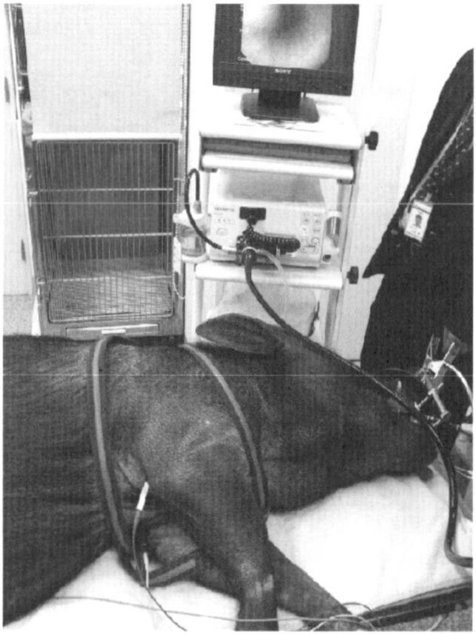

用內視鏡（胃鏡）檢查這隻不斷嘔吐的迷你豬。胃裡有滿滿的胃液，什麼都看不到。

第八章

蜥蜴們的血液調查

- 透過自體輸血，奇蹟康復的巨型蜥蜴
- 動物的血型與輸血工作
- 為了調查血液基準值，取了一百隻蜥蜴的血
- 蛙類最駭人的「壺菌病」
- 越是非主流，越想把它做到最好
- 發現青蛙也會得白血病，推動我去研究更多

透過自體輸血，奇蹟康復的巨型蜥蜴

「院長，巨蜥蒙妮好像有緊急狀況，等一下要來醫院！」

聽到接電話員工的聲音，醫院內頓時充滿緊張的氣氛。

送來的這隻巨蜥不像往日的活力十足，一副有氣無力的樣子，於是我馬上進行X光、超音波和血液等一系列的檢查，然後發現牠有重度貧血，肚子裡充滿某種液體，有好幾個看起來像是蛋一樣的物體漂浮在液體上。

在這種情況下，我會懷疑恐怕是卵巢和輸卵管的問題。此外，用超音波檢查照出來的液體應該是因為體腔內出血，因為這樣才會產生重度貧血。

如果不立刻進行剖腹手術、盡快止血，不難想像牠就會因為失血而死。在診療完畢後，我馬上執行剖腹手術，一打開肚子，果然不出所料，全部都是血，周圍也變得黏黏的。要是不先吸走這些血液的話，就很難找到出血的位置，因此我用針筒吸出積存在體腔內的血液。這些血量相當於半瓶牛奶，也就是一百毫升左右。

要順帶一提的是，爬蟲類的血液量為體重的五％到八％。以這隻巨蜥的體重來換算，牠全身的血量大概是一一〇到一七〇毫升，換言之，體腔內流出了六〇%到九〇%的血液。

我吸出體腔內的血液，然後拉出輸卵管仔細檢查，發現並沒有正常發育的卵在輸卵管中壞死或破裂，但卻開始出血。

「該怎麼辦才好呢？」

雖然出血的位置已經止血了，但是這麼大量的出血，再怎麼想也束手無策。再加上吸出的一百毫升血液其實已經是相當大的量了，狀況刻不容緩。眼前有一位因為出血快要死亡的患者，我的手邊也有裝著血液的針筒……不能放棄這個機會！

「不能放棄啊！是禍是福，就只好賭賭看了！」

至今為止，我依然無法說明自己當時為何會這麼做，竟然想到把從巨蜥體內吸出的血液，再輸回牠的身體！

「院長，這樣輸血好嗎？」員工問我。

「院長，有可能會造成細菌感染……」

這個我也知道！流到肚子裡的血液，有可能因為細菌等原因造成感染。冷靜思考，把這些血輸回巨蜥的體內，風險真的非常大。

然而，不管是輸血還是什麼，只要再置之不理，巨蜥一定會死。現在已經不是猶疑細菌感染問題的時候了，我的精神和巨蜥的生命都已經快要到盡頭了！

只不過即使處於這樣的極限狀態，我依然保持理性，這就是所謂的醫生，我無法背棄動物醫生的道德。

結果就是一切，再怎麼煩惱、再怎麼做出自認為對動物最好的處置，一旦動物死亡，只會因為一句「還不都是你害的」而化為烏有。

就算回應飼主：「說這些都已經太遲了。」在我的心中，一定會因為「把血輸回去才害死牠」而後悔，一生不斷懊惱著讓動物死在自己的手裡。正因如此，無論何時，動物醫生都不會進行有勇無謀的挑戰。

然而，像是這一次的案例，我也只能讓至今為止流到肚子裡的血液再次回歸巨蜥體內，雖然這個做法很不尋常，也不符合理論……

再加上我還有著所謂的「先鋒精神」，當我在大學內參加探險社的那段期間，社團標榜的就是「實踐先鋒行動」。我們被迫要擔任先鋒的角色，也就是要做別人不做的事。我們所受的教育是，就算爬了同樣一座山，也不要走前人鋪出的路。反正爬的山都一樣，我們就從沒有其他人走過的地方開始。這種烙印在我心中的先鋒精神，至今也得以在動物治療的現場中發揮。

這隻巨蜥的案例也是，在這種極端狀況下，和理性相比，還是「先鋒精神」更勝一籌，因此我才下定決心把一般來說不會輸回去的血液輸回巨蜥體內。在那之後，巨蜥因為執行自體輸血的關係，貧血狀況獲得改善，奇蹟似地康復了，現在也精神奕奕地回到飼主的身邊。

進行自體輸血的巨蜥

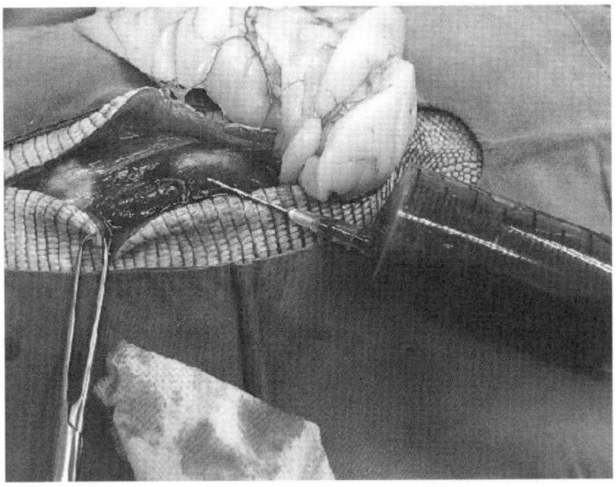

出血量過多的巨蜥腹部。我用了兩支針筒，吸出大約一百毫升的血。

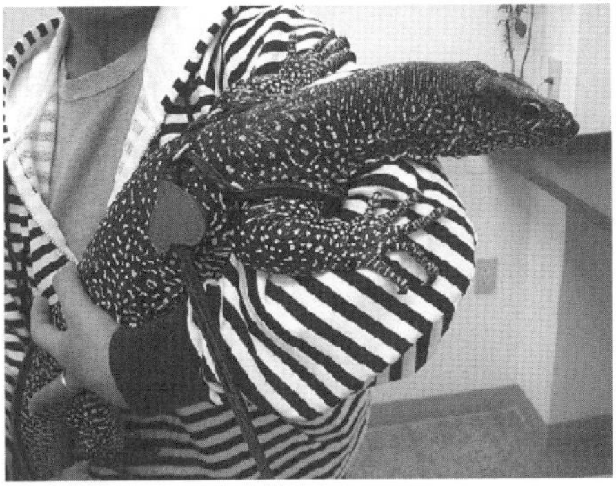

奇蹟似地康復！這隻藍尾巨蜥很喜歡被飼主抱著。

後來我在研討會上發表這個治療過程。有人稱讚我：「做得太好了！」另一方面，也有人吐槽我：「沒有造成細菌感染嗎？」、「對於把血液重新輸回巨蜥體內這件事，都不覺得有任何風險嗎？」這是在我預料之中的提問，但卻無法給予明確的答案，就只能老實地回答：「雖然我曾預想過會有這方面的風險，不過在當時的狀況下真的是別無他法！」對於我的回應，質疑者也毫無異議地接受了，表示「這麼說也沒錯」。

動物的血型與輸血工作

關於輸血，不僅僅是人類，也常常用於動物的身上。只不過動物的輸血很少會像人類那樣，經常在隨處可見的緊急醫療現場進行，這是因為如果動物基於交通事故等原因，而在短時間內大量出血，多半都會死亡。

在什麼情況下會有很多輸血的機會呢？無疑就是內科病患的貧血了。例如，免疫系統因為某種原因而活化，導致身體將自身的紅血球當成敵人破壞的「自體免疫性溶血性貧血」。

只要罹患這種疾病，血量就會慢慢減少，必須及時輸血才能維持生命。而在這段期間內，我會給予免疫抑制劑來控制過度免疫，以便安定病情。

另一種情況是受到手術等外部刺激，以及罹患敗血症、其他急性疾病時，血液的凝固機能變得不正常，引發循環中血液逐漸凝固的「泛發性血管內血液凝固症」。此時除了施打抗凝血劑以外，如果不進行輸血還是會死亡。

無論何者，只要判斷該案例必須以輸血作為治療的一部分，或是一定要對貧血動物動手術的情況下，就要事先進行輸血。

因此，在手術中不小心造成大量出血，導致必須進行緊急輸血的案例，在動物醫院裡並非常見的情況。動物手術都是以不要出血為前提，必須謹慎地止血，我們會用電動手術刀、雷射刀、超音波手術刀等各式各樣的機器，來進行幾乎不會出血的手術。

談到輸血，我們醫院除了貓、狗以外，還幫兔子、雪貂、草原犬鼠、烏龜、蜥蜴等動物輸血。

貓、狗有自己的血型，可以檢驗得知。大家都知道狗的血型有八種，就像人類的A型和B型可以輸O型的血一樣，狗在不同血型上也有相互對應的方法。

此外，以動物學來看，狗是狗，貓是貓，都只有一個種類，並不會因為狗的品種不同就無法輸血，美國產的可卡犬也可以輸血給日本產的柴犬。

以前有所謂的貓狗血液銀行，但是因為需求量並沒有多到要成立一家公司，所以現在已經不存在了。當必須輸血時，有些動物醫院會抽取醫院飼養的大型犬血液，而我們醫院則希望飼主自行尋找可以捐血的犬隻。

由於幾乎沒有飼主會知道犬隻的血型，我會請飼主尋找幾隻可以協助的狗，然後抽血進行測試，以找出最適合的血液。

只是這件事並不容易，如果健康的狗要捐血，大約可以抽取相當於體重〇・八%的血量，但是狗並不會安分，就算和牠說「把手掌舉高」，牠也不會配合，因此只能施打麻醉藥劑，再從頸動脈抽血。

「捐血？可以喔！」有許多飼主會一派輕鬆地來到醫院，只是一旦說明捐血的詳細狀況後，大多數的人都會說：「要抽這麼多啊？我不想耶！」、「咦？要麻醉，還要從頸動脈抽血？那還是算了！」然後就回去了。

結果就是，我們就很難找到願意讓寵物捐血的飼主。

此外，幾乎沒有人在研究像爬蟲類這種野生寵物的輸血。

並不是說爬蟲類就不能輸血，然而大多數人聽到要幫蜥蜴輸血都會覺得很驚訝，當然也不會知道牠們的血型了。

關於寵物蜥蜴，最普遍的就是一種名為鬃獅蜥的品種。以前曾有貧血的鬃獅蜥來本院看病，由於我本身也飼養相同種類的蜥蜴，於是就從自己的寵物身上抽取大約三毫升左右的血，輸血給那隻生病的蜥蜴。也有因為不明原因引發貧血的雪貂來就醫，飼主本身養了很多隻，於是我就從其他的雪貂身上抽血。

如同以上所述，不同種類的寵物輸血會有各式各樣的困難，以現狀來說，無法用同一套方法處理所有的情況。

為了調查血液基準值，取了一百隻蜥蜴的血

和人類的醫學相同，在動物診療上，血液檢查是不可或缺的。為了掌握該動物體內現在處於什麼狀態，血液檢查是絕對必要的流程。

然而，就算硬是從動物的身上抽血，透過血液檢查機器得出血糖值、鈣濃度、肝酵素值

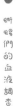

等，對這些動物來說，我們還是沒有一個「標準值」可以用來判斷這些數值是否正常。再說，根據動物種類的不同，在解釋數值高低是否與疾病有關也會有所變動。

以貓、狗的情況來看，我們已經確立血液檢查的標準血糖值為九十至一百二十，鈣濃度值則為八至十一，就能以此為指標來判斷動物是否生病了。

然而，野生寵物從一開始就沒有標準值，雖然國內外研究人員已經做出兔子、雪貂和烏龜的標準值，但是依然無法找出雨蛙、水獺、蝙蝠的標準值。

我為什麼會知道先前那隻鬃獅蜥貧血，是因為鬃獅蜥的血液檢查標準值就是我做的。

我已經知道爬蟲類的血液檢查數值會因為季節和性別而有所不同，因此我就用一百隻不同性別的鬃獅蜥，分別以夏天、冬天及性別進行十八個項目的血液檢查，測量數值後再設定出標準值。

就算只是單純從一百隻蜥蜴身上抽血，完全沒有間斷，也要花費八小時左右的時間。接著，還要再用檢查機器找出數值，進行統計整理，可以說是非常需要毅力的工作。

不過，在沒有蜥蜴血液檢查標準值的情況下，如果沒有人來找出這些數據，就會一直無法了解狀況。

雖然我沒有說出「我不做，誰來做」這種話，不過自己可以在臨床現場擔任先鋒，不是很有意義的工作嗎？

關於這項研究，我撰寫了一篇名為〈鬃獅蜥血液標準值在季節和性別上的影響〉（Plasma biochemical reference values in clinically healthy captive bearded dragons (Pogona vitticeps) and the effects of sex and season）的論文。

我不是這方面的專業研究員，只是一個執業動物醫生，因此花費四年的時間才完成這項數據調查。我很開心的是，這篇論文獲得美國的獸醫學雜誌《獸醫臨床病理學》（*Veterinary Clinical Pathology*）刊登。

對大多數人來說，這個話題太過遙遠了，不過撰寫的論文得以刊載於科學雜誌上，就代表這份研究有問世的價值，對我是很大的鼓勵。只是蜥蜴的標準值會因為種類而有所不同，對於其他的蜥蜴就必須重新進行調查才行。

我要做的事遠遠不只這些。

蛙類最駭人的「壺菌病」

在臨床現場會有各式各樣的發現，特別是野生寵物的醫療現場。由於這是尚未開發的領域，因此會有許多有待探勘與開拓的事物。

除非我們親自實踐和檢驗、與其他同業交流成果，並透過科學方法奠定基礎，否則我們無法判斷一個現象究竟是正常或是異常。我目前還同時在麻布大學的病理學研究室，勤奮地持續研究。

現在壺菌病在日本成為話題，有種黴菌會感染給青蛙和其他的兩棲類動物，引發壺菌病，是會造成青蛙死亡的疾病。因為這種黴菌，造成中南美洲和澳洲等地的兩棲類動物急遽減少、滅絕，成為全世界的重大問題。

二〇〇六年十一月，我出席某個研討會，當時討論的議題是「海外有許多青蛙因壺菌病而死亡」。當時這種病雖然還沒有傳播到日本，但是依然要注意海外這波猛烈的趨勢。事實上，在來醫院看病的青蛙中，就有好幾隻死於類似的症狀。

當下我才在想：「這該不會就是壺菌病吧！」接著不到一個月，又有類似症狀的青蛙來就醫。即使我一直想著「應該不是」，但是為了以防萬一，還是委託大學針對死亡的青蛙進行病理鑑定，確定就是壺菌病所致，那是亞洲地區的第一起案例。

從那時候開始，寵物業界、環保生態團體及獸醫業界就有了些許騷動。連各家民間電視台和ＮＨＫ都跑來採訪，說著：「日本的青蛙要絕種了！」

接著，以研究人員、動物醫生與環境省等為中心，日本對於棲息在野外的外來種進行許多檢查，結果非常讓人驚訝，在野外棲息的青蛙身上竟然檢測出壺菌病。

除了青蛙以外，山椒魚身上也檢測出一定比例的壺菌病，只是身上發現壺菌病的兩棲類群體卻完全沒有發生大量死亡、非正常死亡及急速銳減等情形。

換句話說，有巴拿馬、澳洲等這些發生大規模壺菌病災害的地區，也有像日本這樣並未造成嚴重影響的地方。面對這種無法解釋的現象，不斷有人提出各式各樣的假說，包含是否本來就存在日本固有的壺菌病；雖然壺菌病來自海外，但是也許日本的青蛙具有抵抗力等。

也許在青蛙大量死亡的澳洲和中南美洲地區，對青蛙而言是一片毫無汙染的大地，導致青蛙對細菌的抵抗力太低；又或許是因為日本太過潮濕，本來就蘊含著各式各樣的細菌，因此日本青蛙對這些細菌已經完全具有抵抗力了。

甚至還有一部分的海外研究人員在探討「調查日本青蛙身上潛在的抵抗力，是否能夠拯救全世界的青蛙」等相關議題。

當時我們醫院也有罹患壺菌病的青蛙來求醫，只要我提到自己正在治療這樣的病患，就會受到周遭人士極為嚴重的責難。「這麼危險的病原體，應該在治療前就進行處置！」他們是這麼說的。確實，在第一次發現壺菌病時，不只是我，大家都在想著「如果壺菌病入侵日本，日本的青蛙有可能會滅絕」。

「要是在醫院附近的多摩川裡發現青蛙的屍體，不就是因為壺菌病的細菌從你們醫院外流的嗎？」我一邊進行治療，一邊膽顫心驚地恐懼著或許會有人這麼指責我。

然而，我是身處醫療現場的人，無論如何都想要站在治療的立場上，並不希望扼殺飼主珍惜的青蛙。

雖然青蛙的黴菌不容易處理，不過黴菌畢竟是黴菌，我使用人類用的高價足癬藥，發現居然可以完全治好。

我將這份治療數據整理成論文，並且加以發表，現在已成為治療壺菌病的標準。

說到現今的壺菌病研究，迄今為止，最古老的壺菌病是在一九三八年從一隻滑爪蟾的標本上發現的。一九〇二年，保存於日本國立科學博物館裡的大山椒魚標本上也檢驗出壺菌病，成為現今世界上最早的壺菌病感染案例。

換句話說，這也可以成為壺菌病本來就存在日本的證據。這種疾病究竟是起源於日本，還是本來就存在世界上的普通疾病呢？是否因為病原在尚未汙染的土地上流竄，從而導致災害擴大，或是細菌變異造成毒性增強呢？在後續的研究中，應該會有所解答吧！

為此，我一到假日就會前往河邊抓青蛙和蝌蚪，也會從海外進口的寵物用青蛙皮膚與嘴巴上採集細胞，孜孜矻矻地持續進行研究。

越是非主流，越想把它做到最好

由於日本的野生寵物臨床學者很少，為了要分享情報，大家就籌組了野生寵物研究會，持續研讀病例報告。這是一個大約兩百人的研究會，聚集日本一些醫療對象較為奇特的動物醫生。

在獸醫界裡，野生寵物診療絕對不是主流。這倒也不令人意外，從飼育數量來說，野生寵物遠遠不及貓、狗。然而，我一直是個所謂的「怪咖」，一向都貫徹著所謂的非主流目標。

例如，非常難以確實治療的青蛙骨折，對社會來說，拚命思考解決方法其實也是很莫名的非主流行為。

「啊？青蛙的骨折？你要花錢治好牠？」我常常被別人這麼說。

如果說到少數族群，其實動物醫生這個職業本身就是如此。

國家支付人類的醫療保險，但是寵物生病絕對無法從國家拿到補助。再說，在動物醫生的世界裡，比起青蛙骨折，大家總覺得治療狗的骨折會比較「偉大」。然而就算是青蛙的骨折，對帶牠們來看病的飼主來說，也是茲事體大的要事。我想要回應這樣的心情，想要拯救這種不屬於社會主流的心情。

這個非主流目標，其實要追溯到我的孩提時代。我是一個只對動物有興趣的小孩，當時非常流行紅白機和遙控車，我也曾和大家一起玩，但是卻沒有像周圍的人一樣沉迷。

遊戲這種東西，是家裡很有錢、有很多遊戲的人才能玩得精通。我想自己之所以沒有沉迷遊戲，就是因為這些由人們製作出來的東西，到頭來還是敵不過製作出這些東西的人們。

無論買了多少遊戲、遊戲玩得多好，也只像是被製作遊戲的人玩弄在鼓掌之中。不知怎麼的，我始終無法沉迷於這些人為娛樂。

然而，飼養動物這件事卻有著誰也無法超越，只有你自己才會知道的無限樂趣。動物並不是由某個人「製作」出來的，飼養動物也不能總是使用同一套理論。當周遭的友人沉迷於遊戲時，我只醉心於飼養動物。

此外，從國中到高中的六年間，我曾經非常認真地練習劍道。劍道可以說是「既不有趣，也不受歡迎」類型的代表性社團，明明練習量不輸足球社，但卻不會像足球社那樣得到「很努力、很帥氣」的好評，我們通常只會聽到「劍道社，好老土」就沒有別的了。

還有摔角也是，我很喜歡摔角。摔角選手是做了好幾千次的深蹲，經過非常嚴格的訓練後才能站到台上，過去也有好幾位選手在比賽中喪生，這就是一個如此激烈的世界。儘管如此，摔角卻還是會被評論為「不過是造假的比賽」。無論再怎麼努力，在社會上的評價通常還是不高。

就某種意義上來說，我的工作既是劍道，也是摔角。在大學入學面試時，當我說出：「我想要幫猴子和鬣蜥看診！」就被大學教授駁斥道：「我們大學並沒有這種課程。」當時的我真的深深覺得「我果然不屬於主流」。

經歷越多這樣的經驗，我就越覺得自己屬於「小眾」。就連在獸醫界裡，我也經常會被別人說：「你竟然幫這種動物看診啊！」造成我的「被害妄想」非常強烈。然而，正因如此，我才想要發揮這股非主流的力量。我會不惜一切，努力達成這樣的目標。

發現青蛙也會得白血病，推動我去研究更多

在學校放暑假，也就是七月時，有一個小學生寄了一封關於青蛙的信給我。這似乎是日本小學的「自由研究」作業，對方問我：「當蝌蚪變成青蛙時，是右腳還是左腳先長出來呢？」

這位小學生在某家博物館聆聽導覽時，記得導覽員是說右腳。只是他自己觀察後，發現十隻裡只有四隻是先長出右腳，左腳先長出來的還比較多。他到處詢問到底哪一個答案才是正確的，結果還是不曉得，因此才會寫信來詢問「對青蛙非常熟悉的田向醫生」。

很遺憾的是，我是動物治療的專家，而非動物學者，也只能竭盡自己所能地調查，但卻還是找不到答案。

「我也不知道，你觀察的結果是左腳，也許就是左腳吧！科學是常常會被顛覆的，就算有定論說是右腳，也不代表這就一定是正確的。」我這麼回答對方，既然他說是左邊，也許這就

是正確答案吧！

除此之外，他還有很多的問題。

Q：「要怎麼樣才能好好幫青蛙和蝌蚪拍照呢？」

A：「我會使用防水相機，用自動模式拍攝。」

Q：「我發現青蛙的卵就拍下來了，請告訴我這是哪一種青蛙的卵？」

A：「我也不知道，只能好好飼養，等長成青蛙後再來問我，兩棲類專家也是這麼做的。」

另外，在信件的最後，對方寫道：「我很喜歡鐘角蛙，將來想要從事和爬蟲類、兩棲類相關的工作。」我雖然想著「這可能無法養家活口」，但還是被打動了，因為對方的著眼點非常棒。在蘊藏著許多可能性的自然科學世界中，這些「率直的問題」也許正是發現自己天職的原動力，搞不好這會和某種大發現有關，我希望他能夠一直保有這份好奇心。

前幾天，有一位飼主很愛護的青蛙因為不明原因死亡，對方就委託我替牠進行解剖，協助調查死因。

既然對方希望，我當然會答應，只是光我一個人解剖所能得到的資訊其實非常少，就算做了，在大多數的情況下還是無法了解直接死因，這就是「生命」，一個細胞和器官複雜相連的集合體。

然而，因為是飼主的強烈希望，於是我也就真的進行解剖了。不知道是幸還是不幸，我發現牠的肝臟腫大，就把這個案例委託給外部單位進行病理組織檢查，結果證實是白血病。

「青蛙會得白血病？」也許有些不太恰當，但是我竟然有著一絲感動，因為就算調查過全世界的青蛙病例文獻，也只有一、兩份相關報告。

這時候我甚至有點興奮，發現青蛙會得到白血病，代表我們還有需要做的事，也許應該好好調查至今為止因為不明原因死亡的生物。

很遺憾的是，以現在的動物治療來說，還無法對青蛙的白血病治療有所貢獻，但是只要診斷出來，就可以思考新的治療方法，這樣的希望和夢想將會無限延伸。

當對方委託我進行解剖時，我還抱持著半放棄的心態，想說：「恐怕找不出死因吧！」然而，正是因為飼主的強烈意願，我在進行解剖後，才得以發現這是白血病。

可見，我的想法並非絕對正確，這正是一個如果臨床學者沒有一起參與研究，一切就必須從頭開始的案例。

第九章

從排球大小的狗腫瘤，到蛇的大腸癌

- 用手扯出三公斤的巨大腫瘤
- 永不放棄救助罹癌的動物
- 靈芝、蜂膠對處於末期的寵物有效嗎？
- 選擇哪種療法的左右為難

用手扯出三公斤的巨大腫瘤

我幫一隻來醫院進行健康檢查的黃金獵犬觸診，發現牠的上腹部有一個巨大的腫瘤。

一旦上了年紀，像黃金獵犬和拉不拉多犬這種大型犬的肚子裡很容易長出腫瘤，特別是脾臟。即使引發脾臟癌，只要盡早摘除，癒合狀況就會意外良好。脾臟就像是一個大型的血液罐，就算全部摘除也不會有問題。

我馬上進行血液檢查、X光檢查和超音波檢查，調查那個腫瘤到底長在什麼部位。大致檢查之後，我發現那個腫瘤實在太大了，很難確認，疑似肝臟腫瘤，但也不能排除是胰臟腫瘤的可能性。無論如何，這個巨大腫瘤有一天會破裂，到時候可能會造成牠出血過多死亡，是脾臟也好，肝臟也罷，為了摘除這個腫瘤，我進行了剖腹手術。

如果是脾臟，要把脾臟本身摘除並不是很困難的手術。事實上，我也抱持著小小的期待，想著「如果是脾臟就好了」。

然而，我一切開腹腔，就發現眼前的腫瘤極大，根本無法了解腫瘤形成的部位。我把手伸進腹腔內，越挖越深，也許是我平常的運氣就不太好，發生問題的部位並不是脾臟，而是肝臟，我小小的期待頓時落空。這隻黃金獵犬的肝臟上，長了一個約莫排球大小的腫瘤。

「該怎麼辦才好？」那一瞬間我畏懼了，這種程度已經不是執業動物醫生的工作，而是大學醫院的工作了。為了以防萬一，我和許多員工也做好輸血的準備。一般來說，只要縫合切開的地方，然後和飼主說「我剖開腹腔後一看，發現腫瘤大到無法取出」就結束了。

然而，我當下回想起老師曾說過的話：「無論是多大的腫瘤，連接的部位也有可能是很小的。」

只要腫瘤的根源很小，就算腫瘤本身再怎麼大也不成問題，只要處理根源就可以摘除了。我又用手摸索了一下，根源處的確有一種「搞不好意外地小」的觸感，這樣的話或許還有機會。

「好，冷靜一下吧！」我暫時先放下手術刀，等心情恢復穩定後，查看解剖課本再次確認肝臟的血管走向，好好整理思緒。

「是這裡出血，就用鉗子待命吧！」

於是，我叫來助手，要他們把手伸到腹壁和腫瘤之間的縫隙裡，用雙手扶著腫塊。我屏氣凝神，在下一瞬間就用力扯出腫塊。

「啊——」周圍的助手紛紛發出驚呼，鮮血就這麼噴濺出來。我用事先準備好的鉗子俐落地止血，用縫線綁住血管，確認沒有再度出血。

「好了，順利取出來了！」

取出巨大腫瘤後，整個視野就變得開闊了，我可以清楚區分出正常的肝臟組織和癌細胞組織，接下來只要謹慎切除就行了。

要是讀者認為我總是採取這種隨便的方式，我也會覺得很困擾，不過其實以前我曾看過人類的外科醫生也是像這樣，在一瞬間扯下巨大的肝臟腫瘤。腫瘤很軟，而健康的肝臟有一定程度的硬度，只要用力拉扯即可取出。

不過，當自己實際操作時，果然還是會很猶豫。說到底，用這種方法偶爾才會出現一次成功的案例，在用力扯出腫瘤的一瞬間，動物有可能會因為出血死亡。

因此，雖然實際執行很簡單，但是要下定決心就不是這樣了。在這種情況下，就算我把這隻黃金獵犬的肚子縫合，表示自己無法取出這個腫瘤，也不會有人責難我。然而，如果沒有移除這顆腫瘤，這個孩子一定會死，因為腫瘤太大了，實在無法「正常」地切除。

「在這種沒有退路，也沒有人指導的情況下，我應該怎麼辦才好呢？」

只有勇於面對，和它進行搏鬥了。在下定決心的前幾秒，我彷彿真的感受到心臟撲通地跳動。而在進行「搏鬥」之後，我成功扯下直徑二十公分、重達三公斤的腫瘤。

隔天，那隻黃金獵犬完全恢復元氣，牠的復原狀況非常好，我感動到都快要流下眼淚了。

在那之後，牠的病情也沒有復發，得以善終。

永不放棄救助罹癌的動物

癌症是無關動物種類的，當我說：「我昨天幫倉鼠進行癌症手術。」有很多人會覺得驚訝，然而就連人類也是動物的一種，作為寵物而深受我們疼愛的其他動物當然也會罹癌。以為只有人類不是「動物」是很嚴重的誤解，猿猴類動物被稱為靈長類，也包含人類在內，這個意義本來就是指人類為「萬物之靈」；換句話說，人類是最優秀的生物。不過，我想人類也差不多該重新審視這份傲慢了。

暫且不提這些，有許多得了癌症的野生寵物會來我們醫院看病，其中有不少都讓我沒有什麼幹勁處理。特別是小型的野生寵物，光是施打麻醉藥劑的風險就很高，對我而言，這也是很沉重的手術。

曾經有一隻體重九百公克的雪貂因為腹部膨脹前來就醫。我一觸診，就發現牠的肚子有一個巨大的硬塊。

「啊！這是什麼？」我對牠進行剖腹手術，發現胃裡有一塊如同雞蛋般大小的腫瘤，還有大大小小的血管雜亂無章地分布在表面上。

如果是像雪貂這樣的小型動物發生血管破裂，很容易會因為出血死亡。人類出血五毫升和雪貂出血五毫升，兩者的意義是完全不同的。

人類就算噴血也不見得會怎麼樣，然而雪貂只要大噴血，對於術後的復原就會非常不利，最糟糕的是還有可能會致命。小動物的輸血方式還沒有確立，我們不是要幫牠們止血，而是從一開始就不可以讓牠們出血。因此，野生寵物的手術並不會造成一片血海，就算大出血也要馬上輸血，就某種意義上來說，我很羨慕人類的手術只要專注於技術本身就好了。

那隻雪貂的情形也一樣，我在看到的一瞬間，就想著：「完蛋了！」因為腫塊的表面上布滿了血管。

「不行，不能從外表來判斷。」我暫時放下手術刀，讓頭腦恢復冷靜。乍看之下，感覺腫瘤無法成功移除，但是也許實際上動刀後會發現一些什麼。就算動刀後還是不行，只要立刻停止就好了，就像在登山時說的：「要有勇氣地撤退。」

我平復情緒，總之，先把眼前看到的血管一一綁起來。在這麼做的過程中，我甚至想著「這樣做可能會有勝算」。

就算一開始覺得不行，還是要一步步去做，不能放棄，一定要採取行動。只要踏出一步，也許不知不覺中就會找到出路。後來我也順利地摘除那顆腫瘤了，如果什麼事情都認為絕對不可能，就會真的無計可施了。

前幾天，我替一條蛇動了癌症手術。牠是一種名為鼠蛇的純白蛇，非常漂亮，牠的下腹部有硬塊，既不吃飼料，也不排便。

飼主先把這個孩子帶到家裡附近的醫院看病，對方說：「這是腫瘤，就算治療也沒用，只能看著牠日漸衰弱。」於是，飼主就來我們醫院求助。

我立刻進行診察，發現腸子一帶確實有一個很大的腫塊，連糞便也被塞住了。「我想這是拿不出來的。不，正確來說，腫塊或許拿得出來，但是很有可能也會沒命。」

「我明白。」

各種動物的腫瘤

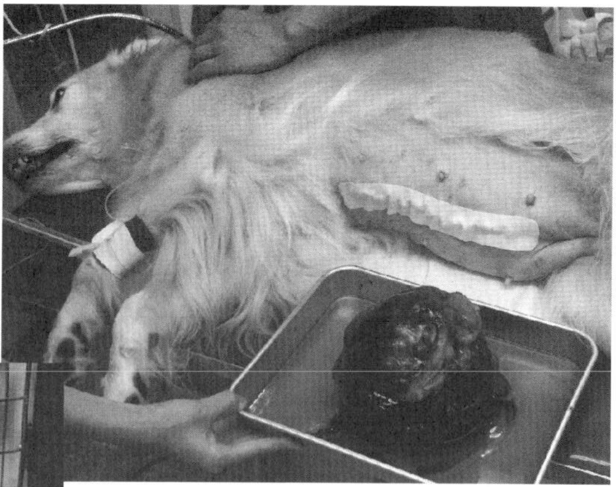

長了如排球大小腫瘤的黃金獵犬。一剖腹，就發現手術範圍內全部都是腫塊，牠在隔天馬上就恢復精神了。

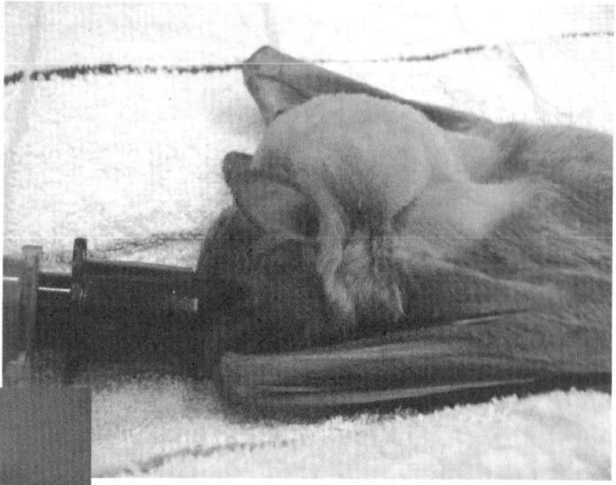

頭部長了大腫瘤的蝙蝠，我也順利地摘除了腫瘤。

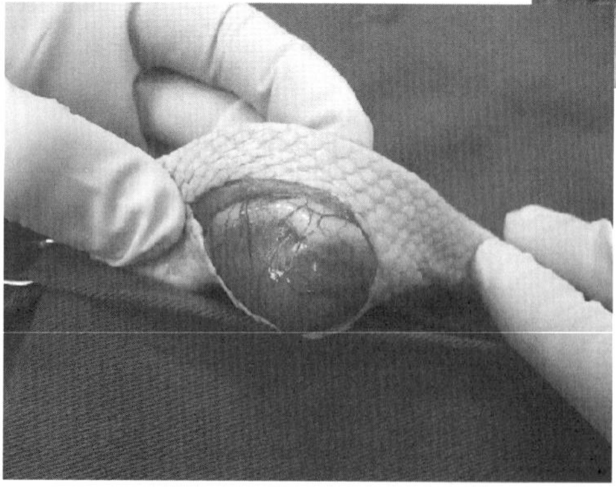

蛇的大腸腫瘤。因為腫塊的關係，牠完全無法排便。

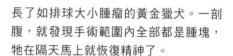

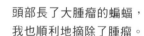

但是飼主並不放棄。

「我自己有養貓和狗，也曾為牠們送終。然而，去了醫院，聽到就算動手術也無力回天，還不如不要動手術，只能看著牠日漸衰弱，這樣還是太讓人掙扎了。」

「有什麼我可以為牠做的呢？」

當時，我的心裡糾結不已。

不過，光看狀況，感覺上並不是完全沒救。我也曾處理貓、狗的大腸癌，雖然沒有處理爬蟲類病例的經驗，但是蛇的腸子也很細，和把貓、狗的腸子切開再縫合的要領是一樣的，所以或許不妨一試。

「做做看吧！」

「無論結果如何都沒關係，我只是希望在能力範圍內盡力就好，拜託您了。」

這邊要說明一下，要進行蛇的剖腹手術無法像其他的動物一樣直接從腹部中央一刀劃開。顧名思義，蛇的腹部就叫蛇腹，由於鱗片的關係，要切開非常困難，因此就只能從腹鱗之間的縫隙小心切開。

我把手術刀伸到體腔內，進入直腸裡。只要切開腫塊附著的部分腸子，再縫合切開的腸子和原本的腸子就好了。

光看我這麼寫會覺得好像很簡單，然而要縫合和鉛筆一樣粗的腸子，還不能有所遺漏，必須耗費很多精神。在住院時，我必須密切關注牠的情況，不過牠在手術後的復原狀況良好，讓我深深覺得沒有放棄真的太好了。

那些認真愛護動物的人，都會有滿腔想要救助牠們的心情，因此我也必須拿出「火力全開」的幹勁。唯有飼主和我都有這樣的熱血，才能達到新的境界。

先前說的那條蛇的飼主也是。「即使被拒絕了，我也無法放棄，就算機率很小也無所謂，是不是還有什麼可能呢？」飼主就是因為這麼想，所以才會來到我們醫院。

其實我的立場也和附近的動物醫生一樣，不過既然有人向我尋求意見，我也必須絞盡腦汁地思考，到底有沒有什麼「可能性」。在這種情況下，我所下的一步棋就不會是保守的方法，而是會提出孤注一擲的建議。

動物醫生想要守護這些動物的心情，也會傳達給飼主。飼主想要的並不是一句制式的回應，而是急於知道「到底會變成怎麼樣」，而我也會用最大的動力來回應。

靈芝、蜂膠對處於末期的寵物有效嗎？

進行外科手術，只要是開刀後就可以治好的疾病其實都還有救。「把這個切除就能夠治好。」這句話在某種意義上來說就是還有希望，這也很容易理解。只是在醫療現場，其實有很多的病情，就算是開刀也無法治好。

就如同血癌之一的白血病，這是一種就算切除了癌細胞也無法痊癒的癌症，必須透過藥物奮戰到底。一旦藥效趨緩，病情馬上就會展開反擊，如果反擊太過強烈，動物就會變得虛弱。就連糖尿病也是，只要患病，就必須每天注射胰島素。內科治療就是要假設各式各樣的狀況，然後用藥物來對抗。事實上，和外科相比，治療內科的疑難雜症更需要動腦，既要有耐心，也得花時間。在大多數的情況下，我們無法確定疾病會完全治好，而是要想著「狀況會不會變好」，在腦力與精神上都是非常令人疲憊的重度勞動。

現在，我正在幫一隻罹患鱗狀上皮細胞癌的草原犬鼠看診。牠的牙齦中長了一個紅豆大小的突起物，只是從這顆腫瘤的性質來看，我知道即使動了手術也無法完全根除，癌細胞還是會殘留在內。殘留的癌細胞會不斷增殖，堵住食道，最後牠會因為無法吃下東西而餓死。

大多數的癌症其實不會因為有惡性腫瘤就死亡，只是腫瘤會不斷變大，如果轉移到肺，肺裡的癌細胞就會增加，最後因為無法攝取氧氣而死；假使轉移到肝臟，肝臟細胞就會變成癌細胞，導致維持生命所必需的代謝、解毒功能無法運作，最後就會死亡。

癌症會造成轉移部分的臟器遍布癌細胞，讓該臟器無法發揮正常的機能。

此外，只要癌細胞增殖，癌細胞就會奪取身體必要的營養，並且從癌細胞組織中釋放帶有特殊毒性的物質，造成動物的身體衰弱，而動物很少會因為長在皮膚上的一點小惡性腫瘤就死亡。

如果是轉移到肺或腦，在短時間內過世的話，只會痛苦一段時間；然而一旦鱗狀上皮細胞癌發生在口腔，比起引發轉移問題，該處的腫瘤會不斷變大，導致動物無法進食而不斷消瘦，變得虛弱不堪而餓死，是非常殘忍的癌症。「生活品質」另一個更好聽的說法是「生活水準」，而這種疾病可以說是「會讓生活水準顯著下降的腫瘤」。

因此，我們必須在這隻草原犬鼠的嘴巴插入滴管，讓牠喝下溶於水中的食物與果汁，進行集中式看護。但如果每天都要做這些事，飼主也會慢慢變得疲憊。

最終手段就是動手術，讓導管穿進胃部，讓營養素可以流到胃裡。只是像草原犬鼠這種指爪非常靈巧的小動物會自行拔出導管，而事實上用胃管也只能延續數個月的生命而已。

最近，這位草原犬鼠的飼主又來和我商量，問我：「可以讓牠吃鮫魚軟骨精嗎？」

其實這種諮詢真的很多，我還被問過姬松茸、靈芝、蜂膠、冬蟲夏草等，在寵物罹癌末期，飼主會想讓牠們吃一些對人類癌症「也許有效」的食物。

只能看著疼愛的寵物日漸虛弱，自己卻什麼也做不到，我很能理解這種心情。如果生病的是自己的寵物，我也會很痛苦吧！

幾年前，厚生勞動省利用美國國家衛生研究院（National Institutes of Health, NIH）的「PubMed」資料庫，製作了約一千萬份的文獻資料，我搜尋並調查了其中提及姬松茸、蜂膠、桑黃等的研究論文，但是卻沒有找到能夠治療癌症的科學立論。

每當有人問我「可不可以給牠們吃這些東西」的時候，我都會回答：「給牠們吃是沒問題的，只是如果你抱持著能發揮功效的心態，可能就要失望了，請你抱持著『有效就是出現奇蹟』的心情吧！」

在某些動物醫院裡，也有人很積極地使用中藥、順勢療法等替代醫療的方式。然而，假使太過相信這些替代醫療，而未能確實進行治療的話，有可能動物明明可以存活好幾年，但是最後卻在短時間內死亡。這在人類醫療上是一大問題，同時也適用於動物的身上。

我們醫院也會使用一些中藥，只是我本身並不會隨便進行替代醫療。我沒有學過替代醫療也是原因之一，所謂「替代」就是指「取代的行為」，如果我什麼努力都沒做，就採用其他的方法代替，就像是站在打擊區，眼看著情況不妙就說：「好！我要找代打！」

「不管是觸身球還是死球，我一定會努力有所作為。」我是這麼想的。奮力逼出自己的能力，如果還是不行，就應該「指定代打」。假使對西洋醫學一知半解，整天只想著要找代打，就會迷失本質，這是一個需要尋求平衡的問題。

說了這麼多，好像一副自己很了不起的樣子，也許當我自己面對無法治療的癌症時，也會希望用替代醫療的方式。當人們面對可能會失去生命的現實，就會無法理性地進行判斷。人類的情緒實在是複雜難解。

選擇哪種療法的左右為難

醫生會提供患者許多選項，讓對方選擇後才進行治療，也就是所謂的「知情同意」

（Informed Consent）。Informed Consent直譯為「說明和同意」，詳細來說就是指患者有了解病狀與治療相關資訊的權利，也有自己決定治療方法的權利，就是自己的事情會由自己決定。

「這種疾病有兩個治療方法，在這種情況下，風險是多少百分比；在那種情況下，風險則是多少百分比，治療機率的話，又是百分之幾……那麼你決定要怎麼做呢？」

醫生會這樣詢問患者，現在動物醫生治療的流程也是如此。

不過，我會盡可能用「現在有這種選擇，不過如果是我自己的寵物，我會這麼做，理由是……，因此我認為這種方法最好」的方式來說明。由動物醫生提供選項，讓飼主決定對動物而言最好的治療方法並不是一件簡單的事，然而剛剛畢業的動物醫生往往就會這麼做。

以現實層面來看，如果只像這樣把所有方法都說一遍，動物醫生並沒有以專業的角度來提示對方，自己在心中進行取捨後是這麼想的，飼主也會很迷惘。

基本上，飼主大多沒有動物相關的醫學知識，恐怕他們會想著：「我已經充分理解病情和治療選項了，但是身為動物醫生的你又會推薦哪一個方法呢？」特別是攸關生死的疾病，如果動物醫生與飼主沒有用相同的立場面對，一切絕對不會順利進行。

在手術後，只要我認為狀況沒問題，就會對飼主說明。也許大家會覺得這很理所當然，不過我還在實習時，前輩曾經偷偷教我「不要和飼主說得一副狀況很好的樣子」、「基本上就是要說出不好的可能性」。

從風險管理來看，這再正常不過了，這是為了保護自己而先讓對方做好心理準備。

不過，我認為當自己真的覺得沒問題時，講一句「沒問題」不就好了嗎？只要說：「這個孩子已經沒問題了。」之後動物恢復精神，就可以和飼主一起開心地笑說：「啊！真是太好了。」這樣一來，也可以建立對彼此的信賴關係。

然而，很遺憾的是，我也曾經遇過狀況急轉直下的案例。例如，住院中的動物在上午還很有精神，我也告知飼主「沒問題」了，沒想到下午就發生劇變，隨即過世，也不是沒有見過這種狀況。當動物的心臟與呼吸系統不好，或是該疾病攸關生命時，就算動物看起來沒有異樣，也不曉得下一秒會如何。

這時候我會很沮喪，不斷想著：「為什麼會這樣呢？」我的心情也會同樣地傳達給飼主。

在人類醫療上，常常會用到醫療疏失、醫療事故這些詞彙，不過疏失和事故是不一樣的，現在這兩件事情被混淆了，大家都把所有的錯怪在醫生的身上。疏失是人為過錯，因為是人，即使注意了，還是會不小心犯錯；而事故則是發生無法預期的狀況，不是因為偷懶或失敗，是明明傾盡全力去做，但是病患最後還是不幸離世。

所幸我還沒有遇到醫療訴訟的經驗。然而，我總會想著，也許明天這些事情就會降臨在我的身上，在進行治療時都會非常緊張。在遇到問題時，我會確實地告知飼主：「我真的已經竭盡全力，但結果還是變成這樣。」

如果動物醫生和飼主的著眼點不一樣，飼主也會認為「醫生明明前一陣子才這麼說，怎麼剛剛又全部翻盤」。不過，如果雙方的目標相同，都抱持著想要克服疾病的心情來面對，就算有什麼變故，我們也會相信這沒什麼大不了，因為我們雙方彼此信賴。

第十章

動物醫院使用的藥物，幾乎都是人類用藥

- 在狗身上時有所聞的食物過敏
- 不必害怕類固醇！
- 用藥量從未超出安全標準
- 適用於狗，卻不適用兔子的藥物
- 用香港腳藥物來治療青蛙？

在狗身上時有所聞的食物過敏

在現代日本人之間，過敏疾病已經成為一大問題，同樣地，食物過敏在狗的身上也越來越不鮮見。只要在網路上搜尋「狗、過敏、食物」，就會出現非常多的資訊。以前我們醫院的網站曾發表一篇標題為〈狗的食物中毒〉的文章，解說狗的過敏疾病，之後在本院網站上搜尋「狗、皮膚、食物、過敏」的人數就大為增加了。

曾有很多飼主表示：「我們家孩子的皮膚一直都很癢……」然後把寵物帶來醫院，這些飼主都會說：「這個孩子對某某食物過敏。」

然而，根據統計，一般來到動物醫院的狗之中，因為食物過敏導致皮膚疾病的比例只占全體（即真正患有皮膚、耳疾案例）的百分之幾而已。人類也是，雖然過敏的症狀增加了，不過我們身邊只要吃下某種食物就導致皮膚過敏的人，應該沒有很多才對。

根據動物皮膚專科醫生表示，狗會罹患皮膚疾病的原因，以數量來區分的話，依序為細菌和真菌造成的皮膚病、寄生蟲（跳蚤、蝨子）、異位性皮膚炎、內分泌皮膚病、食物過敏、接觸或藥物過敏。因此，狗的食物過敏實際上並沒有那麼常見。

然而，現在日本卻瀰漫著一股風氣，其實可以發現飼主都把飼養的狗患有皮膚疾病歸罪於市售食物，也許食物過敏就像一張免死金牌吧！彷彿只要把責任都歸咎於此，就無事一身輕的感覺。

我們醫院也常常會有患者，因為被告知是「食物過敏」而轉院過來。

「聽了附近醫院動物醫生的指示，換了特定的食物，但還是治不好。」

為什麼治不好呢？因為這不只是食物過敏而已，在初診時的診斷很有可能就錯了。

過敏和異位性皮膚炎很容易搞混，而異位性皮膚炎與食物過敏也很相似。

所謂的食物過敏，定義是「因為某種食物而出現與正常免疫反應不同的反應，而且對生物體有害」，食物過敏偶爾也會引發異位性皮膚炎，只不過有害反應的結果並不一定會出現在皮膚上。

另一方面，異位性皮膚炎是很複雜的病症，定義為「對灰塵、塵蟎或植物、花粉等物質有過度反應，而後出現在皮膚上的病變」。這種皮膚疾病會讓皮膚變得乾燥、皮膚機能毀損，各種引發疾病的物質就很容易從皮膚入侵。

狗的異位性皮膚炎較常見，也許你本來以為是食物過敏，不過事實上卻是對環境中某物質有所反應的異位性皮膚炎。有時候，異位性皮膚炎和食物過敏會同時發生，因此如果只透過更換食物就想要治療皮膚病變，成功的機率也很低。

再者，要找出引起皮膚病變的過敏原其實真的很困難，就連大學醫院的動物皮膚專科醫生都很難準確地說出「這個孩子是對什麼東西過敏」。

血液檢查是找出過敏原的方法之一，然而一般執行的過敏血液檢查，也只是單純計算體內某抗原的抗體數值（抗體IgE值）而已。

並非只要抗體有反應就代表發生皮膚病變，因此就算進行血液檢查，也會有許多過敏原呈現陽性反應，導致我們很難判斷哪一個飼料成分會確實對皮膚造成不良影響，目前的狀況就是如此。

接著，來談談要怎麼檢驗食物中毒。首先，我們必須先停止供應可能引起過敏症狀的某種蛋白質。

透過特殊方法讓該種蛋白質水解，並且使用不會引起過敏反應的專用食物持續實驗兩個月，這種方式稱為「排除飲食測試」，只能吃專用食物和水，禁吃零食。

如果真的是食物過敏，只要現有的症狀都治好了，兩個月後就會大致好轉。之後可以試著提供疑似引發症狀的食物，假設是雞肉，就給予雞肉。如果和測試前出現相同症狀，即可確定是雞肉過敏。

以診斷方法來說，這是既純粹又簡單，也最有可信度的方法。但是即使如此，要進行測試還是有很多障礙存在。

這是因為一旦我對飼主說：「為了調查是否真的是食物過敏，請先只讓牠吃這種食物兩個月。」

飼主就會回答：「我做不到！」

「為什麼？」

「因為散步時，我會給牠吃零食，只能吃一種食物太可憐了。」

結果，大家都想要給寵物吃零食或其他的東西。如果這是沒有飼主的實驗動物就可以輕易實行，只要餵食專用食物和水兩個月就好了。

不過，若想在臨床現場好好執行食物過敏的診斷，我和飼主之間常常會存在很大的鴻溝。

不必害怕類固醇！

同時，我也察覺因為異位性皮膚炎而就醫的患者增加了。異位性皮膚炎常常發生在狗的身上，貓就沒有那麼頻繁了。關於野生寵物，雖然現在已經有倉鼠的相關報告，但是幾乎沒有人研究其他動物的異位性皮膚炎。

原則上來說，異位性皮膚炎是無法徹底治癒的；換言之，就算表面上看起來已經好轉，也不能稱為治好，純粹只是狀況好轉而已，而且情況還會時好時壞，最後不斷惡化。

所謂的異位性皮膚炎，就是對自體的免疫過敏或是過度反應，而治療方法就是要抑制這種免疫反應。換句話說，我們會使用免疫抑制劑，其中較為知名的正是類固醇。

本來類固醇就很便宜，效果也很好，是一種高效能良藥，只不過大家都把它和用於興奮劑中的類固醇搞混了，於是產生了藥性強烈的負面印象。為此，我有很長一段時間時常都在向大家解說，釐清對於類固醇的誤解。

首先，用於興奮劑的肌肉增強類固醇和用於治療的類固醇是完全不同的東西。大家都說類固醇有很強的副作用，然而不管是哪一種藥物，只要不當使用都會有副作用。

當我對帶著罹患異位性皮膚炎的寵物來看診的飼主說：「那我們就用類固醇吧！」對方都會用質疑的目光看著我說：「要用類固醇？」「有疑慮的話，那還是算了吧。」但是，其實這樣反而無法讓異位性皮膚炎好轉。

除了類固醇以外，還有副作用很少的高價免疫抑制劑，只是這些藥品並非立即見效，如果沒有長期使用是看不出效果的，對飼主而言，這很容易會被判斷成「既貴又不太有效的藥」。

「那麼還是用類固醇吧？」一旦我這麼說，對方又會回答：「副作用很可怕，還是算了。」拜網路所賜，飼主也會上網搜尋很多資料。坊間有非常多寫著「必須擺脫類固醇」的書籍，名為「狗狗的手作料理」的書籍也大行其道。

此外，常常有飼主會因為「不用類固醇就能治好」這種話術而上當，不斷接受民間療法，造成動物的狀況惡化，最後只能以極為淒慘的狀態來就醫。

類固醇本來就是藥效和緩的藥物，也有好幾種藥效非常強的類型，我們會依據用在什麼生物身上來決定要使用的分量，因此強弱程度時常會改變。就算使用只有十分之一基準劑量的類固醇，在藥名總稱上也還是叫做「類固醇」。

動物醫生在開立類固醇的處方時，會依據自身經驗，盡可能計算出不會造成副作用的用量，就算真的出現副作用，也準備好可以立刻因應的方案。像異位性皮膚炎這種無法完全根治的疾病，必須使用好幾種藥物才能順利控制，這就是現實。

我希望飼主可以思考，寵物對皮膚癢度究竟可以容忍到什麼範圍。例如，現在的癢度是十好了，在用藥後，你希望把癢度變成五就好，還是變成一、變成零？要一下子把癢度從十變到零是很困難的，所以從十變到五，讓寵物不要癢到受不了就好了，像這樣的思考模式是很重要的。

就算現在已經從一天抓十次變成五次，一旦你意識到「牠還在抓」，明明是寵物在癢，也會變得好像是你自己在癢一樣。

就像一直以來你都沒有注意到隔壁的「聲音」，只要開始意識到就會變成「噪音」一樣。接著，你會想著要把動物的癢度變成零，但如果沒有非常強的藥效是無法做到的。

不僅僅是異位性皮膚炎，如果皮膚組織曾一度引發嚴重的發炎症狀，部分細胞就無法再回復正常狀態，因此在重度過敏和異位性皮膚炎的情況下，暫時使用類固醇來抑制激烈的發炎症狀確實有其必要。

有一些飼主因為很擔心副作用，就擅自依照個人判斷減少藥量，這對動物醫生來說，真的是相當恐怖。

類固醇是一種就算想要停藥，也必須慢慢減量才行的藥物，如果擅自決定停藥後就不再服用，引發副作用的可能性就會非常高。此外，要是突然停藥造成狀況惡化，就必須使用比之前更強效的藥物了。

於是，大家就會因此認為類固醇的藥效果然太強了，還是會引發副作用。動物也依舊因為發癢而痛苦著，我又會聽到飼主抱怨「明明一直照著醫生的指示做，卻還是沒有康復」。這真的很令人無奈。

大家對於坊間的藥物都會有副作用等負面印象和誤解，因而伴隨著強烈的抗拒感。寵物是比自己還要弱小的存在，我也很能理解飼主想要好好保護牠的心情。

只是，包含人類在內，寵物也必須透過藥物這種化學物質來延續生命、減輕痛苦。最重要的是，要接受這個事實，確實掌握藥物的好處和壞處，妥善運用在動物的身上。

用藥量從未超出安全標準

抗生素也是飼主非常抗拒的一種藥物。使用抗生素最不理想的狀況，就是一下子用、一下子不用，這種半途而廢的使用方式。要用的話，就要好好地持續使用，如果沒有徹底根除細菌，殘留的細菌很快又會增生。要是不斷重複這種情形，細菌很容易就會出現抗藥性。

抗生素和類固醇一樣，只要狀況稍微好轉，飼主就會說：「已經夠了吧！」然後就停止使用。

基本上，我都會告知對方：「已經開立處方的藥量，請一定要讓牠吃完，不要中斷。」我覺得這就是自己在藥局購買感冒藥和有醫生開立處方的不同，然而還是會有中途自行停藥的飼主。當然，在吃藥的這段期間內，狀況會好轉，大家就因此認為吃藥後就馬上好了，可是只要一停藥，狀況馬上就會回復，病情痊癒和暫時控制並不相同。

動物常常會罹患膀胱炎，一旦得過一次，以醫學角度來看，如果不持續服藥兩個月，就會不斷復發。要是吃抗生素，大概四、五天就會好轉，只不過停藥之後還是會復發。

這是因為膀胱只要曾經發炎過，細菌就很容易住在裡面，形成一片荒蕪的旱田。細菌就像雜草一樣，即使使用抗生素暫時控制，只要旱田還在，在停止服用抗生素後馬上又會開始蔓延。

荒蕪的旱田想再度變回柏油路，讓膀胱細胞再生，大概要花費兩個月的時間。此時必須持續服用抗生素，以免雜草又重新生長。如果不持續服用抗生素直到完全康復，細菌還是會增生。只要了解膀胱、細菌和抗生素之間的關係，大家應該都能理解持續服藥的重要性。

話說回來，在細菌感染的情況下，體內留有細菌確實是一個問題，而允許細菌增殖的身體防禦力更是一大問題。假如是健康的身體，就算出現一些細菌，也有免疫系統可以避免細菌入侵。當免疫力下降時，就很容易引起細菌感染。

說到免疫力下降的原因，除了壓力以外，還包括是否罹患其他疾病、環境等各種因素。想要預防細菌感染，在服用抗生素的同時，找出免疫力下降的原因也非常重要。

適用於狗，卻不適用兔子的藥物

心臟病和異位性皮膚炎一樣，一般而言都是無法完全治癒的疾病。動物到了高齡後，一旦罹患心臟病，就必須持續服藥。

假使心臟不好，身體就會不想動，或是出現頻繁咳嗽、呼吸困難的症狀。當我告知飼主：「只要吃藥，心臟就會覺得比較好了。」飼主就會一邊說：「太好了。」一邊問道：「這藥要吃一輩子嗎？」無論是停藥或必須吃藥一輩子，都確實會讓人感到不安。

然而，心臟用藥並不是用來治療心臟，而是擔任協助心臟跳動的輔助角色，因此一旦停藥又會感到痛苦。

對於那些十分怕麻煩的飼主，我都很想告訴他：「雖然不是一輩子都要吃藥，但是讓你珍惜的寵物稍微減少痛苦，比起你餵寵物吃藥的麻煩，你比較重視哪一個呢？」

足以比擬吃藥的還有「全身麻醉」，也會讓飼主留下不太好的印象。其實當我提出施行麻醉好做檢查時，有很多飼主的反應都是：「如果要施打麻醉藥劑的話，我還是再觀察一下狀況好了。」確實，全身麻醉說不上是百分之百的安全，因此如果想要避免麻醉的風險，我也無法多說什麼。

在動物醫療的實際現場，與其說進行全身麻醉的情況比人類還多，倒不如說是真的很多。我想各位住家附近的內科、外科診所當中，醫生一年大概會為患者進行大約六百件的全身麻醉。即使人類的情況只需要局部麻醉就能解決，但是面對又小又不安分的動物，如果沒有施打麻醉藥劑，很多時候根本連身體檢查也做不了。

要是硬壓住那些凶暴的小動物，用聽診器進行觸診，甚至還有可能會讓牠過度驚嚇而死亡。因此，只能將麻醉當成是「必要之惡」來使用了。

我也希望不靠麻醉就可以解決，但是因為麻醉實在不可或缺，所以才會一直派上用場，類固醇和抗生素也一樣，我只希望大家能了解我們並不是恣意妄為，而是為了治療寵物的確必須這麼做。

話說回來，動物醫院中使用的藥物有八、九成都是人類用藥。以目前來說，我們會從一般藥局買藥，再以動物的體重來計算用量，開立處方。

例如，同樣的藥，哺乳類動物大概要一公斤、烏龜大概要這個程度等，我們會依據動物的種類來測量用量，再依此開立處方。

使用動物專用藥物的頻率，還不到整體的一、兩成。在程序上，首先，日本農林水產省要先認可此動物用藥來自於人類用藥，之後才能作為動物用藥來販售。不僅手續麻煩，和同樣成分的人類用藥相比，價格還比較高昂。

因此，不論如何，我們大多會使用人類用藥；相反地，如果不想使用人類用藥來治療動物的話，就會造成價格又貴、藥物種類又少，根本什麼都做不到的情況。偷偷將人類用藥使用在動物身上也是違法的，原則上我們會事先告知這是人類用藥，才符合身為動物醫生的責任。

再者，人類用藥有無數的人體詳細數據，在使用上十分便利。

「如果用了這個藥物，人體會產生這種效果，會有這種副作用。」只要了解這個事實，無論是貓、狗，還是野生寵物，我們也可以想像大概會引起同樣的效果，在引發副作用時，也能輕易處理。我通常會使用自己習慣的藥物，即使是同樣的疾病，每個動物醫生的處方藥物多少也會有些不同。

不過，在我會開立處方的藥物中，也有一些藥物是某種動物不能使用的。例如，兔子、豚鼠、絨鼠、八齒鼠及陸龜這種完全的草食性動物，牠們的腸胃裡會有乳酸菌，用來消化食物纖維這種本來很難消化的食物。如果對這類動物使用某種抗生素，乳酸菌就會死亡，導致壞菌增加，腸胃會無法進行正常蠕動，因此用於人類、貓、狗、雪貂、蜥蜴和青蛙身上的抗生素，並無法用在這些草食動物的身上。

以野生寵物診療來說，這是很基本的觀念。這種既基本又重要的觀念，在野生寵物診療中隨處可見，假使沒有確實了解就會誤診，導致動物死亡；換言之，這就像是地雷一樣不可誤踩。

此外，有些動物醫生擁有麻醉藥品使用許可證，這是一個可以合法使用麻醉藥物的資格證明，包括用於麻醉和止痛等的必需藥物，在坊間最知名的就是「拉K」所用的麻藥——K他命，以及用於癌症末期的嗎啡等。

主要負責使用麻藥的人，必須謹慎申請每年的使用數量。此外，還要有一個保管這些藥品的專門保險箱，並且要用螺絲把保險箱鎖在地上。想當然耳，這箱子要是被偷走就麻煩了。更換許可證時，動物醫生要去人類的醫院要求開立「我沒有藥物成癮」的診斷書，然後提交給政府單位，這是動物醫生不為人知的一面。

用香港腳藥物來治療青蛙？

我們常常會將人類用的藥物用在野生寵物上。鳥類時常要與黴菌奮戰，野生爬蟲類也必須和寄生蟲對抗。由於貓、狗是完全被馴養的動物，只要沒有什麼狀況，基本上不太會感染奇怪的寄生蟲和黴菌疾病。

治療染上壺菌病的青蛙時，也是使用人類的足癬藥。足癬為黴菌的一種，大家很難想像這會對壺菌病有效（許多動物醫生也這麼想）。我會將安全性高又昂貴的人類用足癬藥，在裝水的青蛙培養皿上塗抹薄薄的一層，藉此治療因為壺菌病而瀕死的青蛙。

以人類醫生的觀點來看，大概會覺得：「咦？竟然對青蛙用這麼貴的藥！」但我和飼主都拚命想要治療這隻痛苦的青蛙，此時價格就無關緊要了。結果治療成功奏效，青蛙也恢復了精神。

在海外，有許多日本尚未販賣的動物用藥。我到海外旅行時總是會順便買，不然就是會請出國的人代買，有時候還會用網路取貨。這當然不是走私，而是按照流程買來的。然而，自從幾年前全球發生狂牛症後，動物用藥的進口程序變得非常繁雜，以現狀來看，常常會無法通關。

動物醫生會利用診療的空閒時間，認真處理這些所謂的「繁雜業務」，這正是出於想要治好動物的心。

關於藥物，我想說的是，恐怕還是負責治療的醫生最為動物著想，也最了解牠們，因此希望大家不要因為看了網路上的資訊後就開始擔心，有什麼不了解的都可以好好詢問我們。

我們也是人類，必須彼此溝通。如果看了網站上的資訊後有什麼想法，希望大家能如實告知。假使大家不說，誤解就永遠不會消弭。

相反地，假使大家能夠直接對我說：「我在網路上看到有人這麼寫，這到底是怎麼一回事？」我也可以對此進行評論。請不要只是在心裡想著：「這個醫生說的和網路上的資訊完全不一樣！」而是直截了當地講出來，這樣才能建立彼此間的信任。

第十一章

飼主的千百種面貌

- 烏龜的手術要花多少錢？
- 動物醫院的財務大小事
- 連診療費都要賒帳或拖欠的飼主
- 真的在為寵物著想嗎？令人納悶的飼主
- 「我家的孩子，只接受別人用手餵牠」
- 要消除飼主的所有擔憂幾乎不可能

烏龜的手術要花多少錢？

「院長，是青蛙飼主的諮詢電話！」

午休時間，我正在院長室裡查閱資料，就接到工作人員的內線電話。

「橙腹樹蛙的右腳不知道為什麼一直伸直，對方詢問是怎麼一回事。」

又來了！我在心裡這麼想著，然後接過電話。這種諮詢電話非常多，不過沒有診察，我能知道的事情也很有限。

「腳會伸直的疾病有非常多種，還是檢查一下會比較好。」我對飼主這麼說，對方很冷淡地回應道：「喔，這樣啊！」

電話另一頭的飼主繼續說明狀況：「昨天牠的左腳就無力地垂在那邊，雖然右腳伸直，這到底是什麼狀況？」

又回到原點了。

「光用這些資訊，我無法得知狀況，真的很抱歉，能夠請您帶牠來一趟嗎？」

「果然沒有到動物醫院就無法知道嗎？」

「是的，真不好意思。」

「這樣啊！那之後再聯絡了。」

電話掛斷了。

……剛才的對話有意義嗎？電話諮詢簡直就像是占卜師的工作一樣，飼主為了尋求「右腳伸出來是因為某某疾病」這種確定答案，才會打電話到動物醫院，感覺上就像是希望占卜師說：「你這一陣子的運氣不好，是因為不常祭拜祖先，請每天供水。」

然而，動物醫生就像擁有國家證照的科學家。基本上來說，如果沒有看診，我們就說不出什麼有道理的話，動物不在眼前，就無法知道狀況。

今天也有一隻烏龜的飼主打電話詢問：「烏龜的卵阻塞剖腹手術大概要花多少錢呢？」話說我一次都沒有幫那隻烏龜看診過啊！關於野生寵物，像是這類電話一點都不少。

「其他醫院說是多少日圓，這裡的手術費是多少呢？」

在診療時，對方會到處詢價，才決定要不要動手術。

然而，疾病也有「個性」，無法確認固定的價碼，就如同人們有各式各樣的臉，寵物的個性也都不相同，疾病也是一種「生物」，有著所謂的個性，並不會呈現出一模一樣的狀態。

姑且不提已經相當普遍的絕育、結紮手術，就某種程度來說，這種到處詢問手術價錢後才來決定醫院的行為，就像到壽司店詢問道：「你們家的鮪魚大腹肉多少錢？」之後才決定要到哪家店吃一樣。價格會因為技術、新鮮度、菜刀種類、是否為日本產的黑鮪魚、是不是冷凍進口、店家的租金而有所不同。就算同樣是鮪魚大腹肉，也不代表都能做出一樣的味道。正如同你的愛車突然熄火，你打電話詢問修車廠「我的車突然熄火了，修理要多少錢」一樣。

原本在講到「手術費」時，「手術」部分就不是全部，還會加上事前的檢查費、麻醉藥費用及住院費用。不可能在動手術後，說一聲「好的，再見」，就讓飼主回去了，事情並沒有這麼簡單。事實上，麻醉管理和術後保養比手術還要重要。就算只問了手術費，也無法得知手術內容與保養狀況的好壞。

如果真的想要知道一整套費用，還是應該先就診，和動物醫生討論手術內容等狀況後再詢問。

「醫生，我們家孩子動這個手術，包含住院、檢查、手術、出院，大概要花多少錢呢？」只要檢查一次，就可以知道大概的費用。如果只用電話，什麼資訊都不曉得，我也無法回答。如果只是帶寵物來進行討論，在我們醫院裡，只要花費初診費用就可以了，我不會強迫那些來商量的飼主讓寵物動手術，然後向對方拿錢。

此外，我也會判斷該動物是否要動手術會比較好，不過決定要不要動手術的人並不是我。這是關乎性命的問題，寵物也是飼主所有，最後應該由飼主決定與思考。

關於詢問烏龜手術費用的那通電話，我大致上還是回覆對方，卵阻塞手術和麻醉加起來大概要十五萬日圓。我不曉得對方知道這個價錢後還會不會來醫院，不過這是我認為最適當的金額。

要特別說明的是，無論是一隻賣五百日圓的迷你龜發生卵阻塞，還是列入《華盛頓公約》附錄一內一隻要價兩百萬日圓的輻射龜，手術費都是一樣的，動物的價格並不會影響治療費和手術費。

動物醫院的財務大小事

所謂動物醫院，是沒有飼養動物的人一生都不會去的地方。要是這樣的人突然養了狗，而不得不把寵物帶到醫院，也許會產生不安。「原來動物醫院是這樣的地方啊！我還沒有問動物保險的事，如果醫生很恐怖要怎麼辦？」就好比去新宿歌舞伎町裡一家從未聽過的店喝酒，就會擔心會不會被敲竹槓一樣。

說到這件事，我以前曾經很認真地想撰寫一本名為《動物醫院指南》的書籍，整理出動物醫院都在做什麼事、費用是怎麼計算之類的內容。

假設你飼養了雪貂，而我撰寫出一本關於你要到哪家動物醫院讓雪貂看病、要怎麼把牠帶去、會有什麼樣的檢查、檢查結果的解釋方法和要花多少錢等內容，飼主就能更順利地把寵物帶到動物醫院，減少來不及救治動物的憾事。只是關於金額的部分，不同醫院會有不同的收費標準，未經實際診療是不會知道的，更無法像卡拉OK包廂那樣告知「三十分鐘要五百日圓」，因此這個企劃我只想了一半就放棄了。

以前TBS電視台的節目《新聞主播》曾經播放我們醫院進行診療的實況，而在某個網路平台上，大家就開始臆測節目中介紹的診療費用，例如處理黏在「日本製的蟑螂屋」上的鼴鼠要四萬日圓，而治療兔子脫臼則為二十萬日圓左右等。

別說傻話了，鼴鼠的麻醉和黏著劑處理是五千日圓，兔子的脫臼包含照X光、全身麻醉、手術處理，所有診療的費用也才不過三萬日圓。如果是人類的話，健保可以協助負擔三成的費用，只需要九千日圓而已。

這個價錢是貴或便宜，我想因人而異，而說到處理鼯鼠身上的黏著劑，為了對牠小小的身軀進行全身麻醉，我必須非常聚精會神，光是要讓牠睡著就要由兩個人負責，花費三十分鐘左右的時間。

兔子的脫臼也是，不能像處理人類肩膀脫臼的整骨師一樣，迅速拉一下就能治好。如果這麼做的話，又細又脆弱的兔子骨頭就會硬生生折斷，因此必須進行全身麻醉後才能開始周延地處置。

當飼主把寵物帶來動物醫院時，可能都認為只要付錢，動物就可以醫好，然而在這種想法的背後，是由活生生的人類費盡千辛萬苦地治療這些活生生的動物。

動物醫院的同業之間不會訂定均一價，因此收費標準會因為負責醫院營運的院長和動物醫生而有很大的不同，診療費也可以由各家醫院自由決定，就像你也可以煮一碗一百萬日圓的拉麵出來賣一樣。

不過，事實上我們不會做這種一本萬利的勾當，動物醫生都是因為喜歡動物，還有從小就對治療動物懷抱夢想，才會做這份工作。如果對特地遠道而來的飼主說：「要處理龜殼凹陷烏龜的腸阻塞手術十分困難，要花費一百萬日圓。」對方又會怎麼想呢？

「啊，我真的很想治好牠，但是負擔不起……」這麼一來，以為也許會有幫助而帶寵物來到動物醫院的飼主，連希望也破滅了。

動物醫生這種職業並不是沒有商業頭腦，就會導致整家醫院倒閉。曾有一些節目斷言：「動物治療就是商業行為，為我帶來三千萬日圓的收益。」因而格外受到矚目，但是如果只用商業角度來經營動物醫院，恐怕沒有人會把動物帶到動物醫院看病了，飼主並不是這種笨蛋。只以營利為出發點的動物醫院根本無法營運，也絕對救不了動物。

一直談論金錢的話題實在很不好意思，但我還是希望能說一些動物醫生的實際狀況。

首先，想要成為動物醫生就一定要進入獸醫學系，而全日本有獸醫學系的大學不過十六家而已，因此每年只會產生一千名左右的動物醫生預備軍，以補習班的偏差值來說，難度僅次於醫學院，事實上牙醫系和藥學系的門檻還比較寬鬆。

好不容易取得獸醫師執照後，實習期間的薪資也非常低廉。在日本，人類醫生只要有三年的實習經驗，年收入大概就有八百萬日圓；但是當了三年的動物醫生，年薪卻只有三百萬日圓。明明和人類醫生做同樣的事，動物醫生的收入卻連一部分上市公司的上班族都比不上。所以，我可以這麼說：就算取得獸醫師執照，能真正投身這一行的也只有大約四成的人，其他人會轉而擔任能夠拿到穩定薪資的企業研究人員或公務員。在需要念六年大學、通過國家考試，且擁有專門知識和高度技術的職業裡，動物醫生豈不是薪資最低的嗎？

今天有一隻中暑的倉鼠送來醫院，負責處理的並不是我，而是其他的動物醫生，他在診療室待了將近一小時，和飼主不斷討論著，只是那隻倉鼠似乎在送來的時候就已經往生了。

從診療室出來以後，那名動物醫生這麼問我：「院長，診療費要怎麼算才好呢？」

「畢竟沒有治療，不如就免費吧！」這麼回答對方以後，我們就沒有收診療費了。

然而，仔細想想，那名動物醫生花費將近一小時的時間回答飼主很多的問題，而他也認真回答了。專家提供資訊竟然是免費的，這實在不合理，對那名動物醫生來說，他也沒有得到合理的評價，這麼一想，我的感覺就不是很好。之後我本來想著，至少要讓對方支付初診費用，不過飼主已經回去了，一切都太遲了。

連診療費都要賒帳或拖欠的飼主

然而，就算我們不是營利機構，看診不付帳這件事還是令人非常困擾，這簡直是本末倒置了。

「現在手邊沒錢，下一次來的時候再付款。」

「在發薪前手頭很緊，可以下個月支付嗎？」

像這樣的人並不是偶爾，而是常常都有。

假使我向對方要求一萬日圓的診療費，對方回答我：「希望能等到發薪日再付。」我會說：「這倒是無所謂，但是今天可以先和您拿三千日圓嗎？」對方還是會回答沒錢。這是自己珍愛的寵物所需的診療費，應該不會連三千日圓都沒有吧！畢竟天有不測風雲，突然生病也是無可避免的情況……

在要求「下個月支付」的飼主當中，有些人就這樣一直欠款，還有那些在住院期間每天都來探望，卻在出院時說：「我下禮拜會來付住院費。」結果卻依然沒有拿來，在那之後也音訊全無，就算打電話依然聯絡不上，這種飼主恐怕是慣犯吧！

一般來說，如果去買包包，只說一句「把包包給我」就拿走的人是會被逮捕的。然而，關於醫療費用的滯納與欠款，要是院方無法回收，就只能付費拜託討債業者和律師了。事實上，我也聽過有動物醫生真的寄出存證信函。

雖然我不知道詳細的狀況，不過未支付醫療費用和吃霸王餐、搭霸王車這些狀況不同，無法確實定義為犯罪，要當成刑事案件處理似乎也很困難。那些不支付醫療費用的人是醫院的大問題，政府單位也在檢討著是否要採取強制扣押措施。只不過政府單位如果要討債，還會有國民健康保險上的糾紛，因此對於沒有公共保險的動物醫院來說並不適用。

為了提供更好的醫療，就必須花錢。我們必須確保各種藥品的庫存，也要投資最新型的檢查機器設備。此外，雇用優秀員工也需要人事成本。

要降低收費很簡單，但是我們無法從其他地方拿到補助，假使不付款的飼主越來越多，也就只能拒絕某些飼主和動物的求診了。

不過，也有非常老實的人。前一陣子有人撿到倒在路邊的野鳥，把牠帶來醫院。我一診斷，發現牠的頭蓋骨被BB彈擊中，雖然透過手術取出異物，但野鳥最後還是死了。

這時候，我大多會請對方把鳥留在醫院，然後讓對方回去，也不會要求支付診療費。我們醫院是東京都的保護野生動物指定醫院，當有受傷的野生動物被帶來時，我會免費幫忙治療。

結果那位帶野鳥來就醫的人，隔天還特地帶禮金來訪，對我說：「承蒙您許多照顧了。」我則非常慎重地退還給對方。正如動物的類型五花八門，飼主也是一樣米養百樣人。

真的在為寵物著想嗎？令人納悶的飼主

拜訪醫院的動物和飼主有千百種，對動物醫生來說其中某些真的很困擾，而其中最常見的就是：「我家的孩子不吃藥！」

確實，一般來說，動物都是討厭藥物的。我事前都會說明，要把藥物混在寵物喜歡的飼料中餵食，結果往往對方還是會打電話過來。

「就算這樣，牠還是完全不吃，應該怎麼做才好呢？」

「可以把牠帶來醫院打針嗎？」

「咦？打針好可憐喔……」

「嗯……這樣的話，我也沒辦法了，再努力試著讓牠吃吃看吧！」

我並不能說出這種話，不過連飼主餵了都不吃的藥，我確實也不會有辦法。我無法每天早晚都親臨飼主的家裡，就只能請對方自行處理。

此外，不守時的人也所在多有。我們醫院的營業時間是早上九點到晚上八點，一共十一個小時。二十四小時中營業十一小時，表示一天中幾乎有一半的時間都有看診。如果把飼主的睡覺時間計算在內，在飼主清醒的期間，醫院不過只有幾個小時沒有營業而已。

如果在短短幾個小時內出現緊急狀況，只好在非營業時間來訪也是無可奈何，只是有很多不守時的案例幾乎都是一點也不緊急的情況。

一大早，我就接到這麼一通電話。

「今天我有工作，會比較晚到，能夠幫忙看診嗎？」

的確，對方工作真的很忙，不過我們也是在工作。為了配合你的工作而延長我這裡的工作時間，應該沒有這種事吧！

對於晚上八點結束營業的百貨公司，你總不會打電話去問：「今天我想要買醬油，但是我有工作，可以九點再去買嗎？」早上起床，發現自己的牙齒很痛，就打電話給晚上七點關門的牙醫說：「因為我有工作，大概九點才能去，可以幫我看診嗎？」像這種時候，應該要向公司請假去看牙醫才對。

持續忍受身體不適一整天的動物才是最可憐的。

此外，也有飼主會說：「請『順便』幫我處理這件事。」

前幾天有一隻狗誤食魚鉤，被帶來醫院看病，這就是那時候發生的事。很幸運地，尖銳的魚鉤似乎沒有勾到狗的體內，只是我不曉得這究竟是何時勾到的，也不知道原因。只要運氣好，就算是魚鉤也有可能沒有勾住任何地方，就順著糞便一起排出體外了。而在這種完全沒有勾到的情況下，我會對飼主說：「雖然也有跟著糞便一起排出體外的案例，但是如果不小心勾到什麼器官就危險了，還是動手術確實取出來會比較好，您覺得如何呢？」

於是，飼主這樣回應我：「那就動手術取出魚鉤，順便進行結紮手術吧！」

我並不是不曉得對方的意思，但是「順便」這個思考邏輯也太奇怪了吧！就好比自己的小孩不小心吞下魚鉤要動手術，結果你拜託醫生說：「請順便把這邊的疣一起切除。」

寵物就像家人、小孩一樣，但是有些飼主一旦要去旅行，就會把寵物送到寵物旅館，對牠說：「對不起，請忍耐五天喔！」然後就離開了。如果真的把寵物視為家人，只要去狗也能入住的旅館就好了。

有一次，有一隻狗生了重病。我對飼主說：「還是讓牠住院治療會比較好。」結果對方回答：「讓這孩子一個人實在太可憐了……」於是就把牠帶回家了。我沒有立場說這件事是對是錯，根據場合的不同，寵物有時候是家人，有時候又是所有物，可以說是非常複雜的存在。我想，我們必須確實好好思考與寵物的相處方式。

「我家的孩子，只接受別人用手餵牠」

我們醫院裡設置了寵物旅館，連貓、狗以外的動物也可以暫住。畢竟對忙碌的人來說，很難飼養每天必須散步的狗，與其交由他人代為飼養，大家會傾向選擇烏龜和兔子等野生寵物，而這類飼主會時常出門，因此寵物旅館的需求也大幅提升。

寄宿在這裡的動物有猴子、蜥蜴、蛇、鬣蜥、烏龜、兔子、花栗鼠，也有金魚。我想應該很少有可以寄放金魚的旅館吧！有時候，我對於這些野生寵物會比對貓、狗更花心思。

我們醫院有犬用房間、貓用房間、爬蟲類房間及小動物房間等，有很多的種類，而爬蟲類喜歡高溫，也必須做好濕度管理。

此外，像兔子這種小動物是不能和貓、狗放在同一個房間的。對於作為獵物的兔子而言，在貓、狗的團繞之中就好比被丟到獅群裡的斑馬一樣，會造成很大的壓力。

而且兔子會因為環境變化感受到壓力，然後就不吃飼料。肉食動物只喝水也可以存活一個禮拜，但是草食動物只要一、兩天不進食就會變得衰弱，所以對於兔子和豚鼠這類動物要花費很多的心思。

體形更小的小陸龜光是一點點環境變化和溫度變化，就會變得非常虛弱。牠被寄放在這裡的這段期間，就算我好好照顧牠們，也不代表牠們可以健健康康地回家，往往讓我非常擔心。猴子與花栗鼠這種敏捷的動物一旦逃跑就很難抓得回來，因此照顧牠們可以說是責任重大。至於逃走的風險，對不得不帶出門散步的狗也是一樣的。

前幾天，有一位認識的寵物旅館業者打電話來說：「院長！聽我說，我真的很慘啊！」

「我帶著寄宿在這裡的狗出去散步，結果牠突然咬我一口，然後逃跑了！我在滂沱大雨中不斷喊著『小比！小比！』聲音都喊到沙啞啦！」

看來小比好像非常不喜歡他的樣子。

「然後牠就在很遠的地方一直盯著我看，我只要稍微靠近一點，牠就會跑走，我甚至還報警，最後用水才把牠引過來，我氣急敗壞地撲過去，全身都是泥巴，還被咬，花了四小時才把牠抓回來，真的是糟透了！」

原來還有這種風險呢！寵物旅館和人類旅館不同，動物置身其中並不會覺得很開心。我們住在旅館裡，會覺得比平常還要舒適；然而對動物而言，寵物旅館和平常的生活不一樣，牠們當然會想要趕快回家。

所以，有些寵物旅館為了避免狗逃跑的風險，有時候就不帶牠們散步。只不過對於習慣在外面排泄的狗來說，要是不散步的話，牠們就會憋尿和忍著不大便，是很可憐的。

基於這些理由，我們醫院的犬類寵物旅館會附加散步服務。為了散步，我會讓員工牽著兩條繩子，也會嚴格禁止他們穿著涼鞋，因為萬一動物逃脫，穿涼鞋是追不上的。

有時候，我也會接受飼主一些完全不一樣的要求。

在兔子寄宿時，曾有飼主叮嚀我：「每天早晚請一定要和牠說早安和晚安。」而狗寄宿時，也有飼主說：「一天請讓牠在醫院裡玩兩個小時。」說一句「早安、晚安」沒有問題，但是在醫院裡玩就有點困難了，我必須很認真地說，讓動物在醫院內玩耍會發生各種事故。

其中，還有「我家的烏龜只吃萵苣，而且一定要用手拿給牠吃，可以麻煩您用手餵牠吃飯嗎？」這種要求。不過事實上，就算不用手餵牠，那隻烏龜還是會吃飼料，就連萵苣以外的食物也吃得津津有味。當飼主來接牠時，我如實告知飼主，對方非常驚訝地說：「咦？牠吃了嗎？」飼養動物就像教育小孩，從動物身上可以反映出飼主單方面的想法。

要消除飼主的所有擔憂幾乎不可能

有些飼主很愛操心。有隻狗的皮膚上長了一點小濕疹，飼主就把牠帶來醫院看病了。

「牠長濕疹了。」

「我們家的孩子還好嗎？」

「我想這種程度是沒有問題的。」

「咦？真的沒問題嗎？」

「沒問題的。」

「咦？可是……」

飼主的表情顯然無法接受。

「那麼為了保險起見，我還是開藥給牠吧！」

「好的，拜託您了！」

說實話，那是不用開藥也可以治好的症狀，就算是好萊塢明星的背上也會長一、兩顆濕疹吧！

此外，還曾經發生這麼一件事。

「醫生，我們家汪汪的肚子上好像長了小硬塊，我很擔心，牠的狀況還好嗎？」

「我來看看吧！」

我對長了小硬塊的地方進行觸診，感受到小小突起的觸感。

「……這是乳頭。」

「咦？我家的汪汪是男生耶！而且還有很多的硬塊啊！」

狗的乳頭不是一對，而是四到五對。此外，有些人以為雄性動物沒有乳頭，但是事實上並非如此，就連人類的男性也是有乳頭的。

之前還有飼主說：「牠長了一顆好大的腫瘤，我好擔心好擔心啊……」於是就帶寵物來看病了。我一檢查，發現是一個拳頭大小的毛球。短短幾天，不可能會出現這麼大的毛球……。

感覺我好像開始發牢騷了，真是不好意思，不過以大前提來說，當飼主因為不安而帶著寵物來到醫院時，我能用「沒關係、不成問題」，讓對方當場消除疑慮是再好不過了。每當看診完發現完全沒問題，飼主往往會驚慌地說：「不好意思，因為這種事情打擾……」其實完全不用這樣，因為有很多時候，等動物出現症狀才來看病就來不及了，我還是希望盡早帶來比較好。

然而，檢查的結果不一定能讓飼主「安心」。如果狀況明確、容易理解當然很好，只不過在醫療現場中，存在著許多灰色地帶。有時候，飼主會因為這些灰色地帶而說出激動的言論，直接刺進動物醫生的心裡。在此，我就介紹幾句會讓自己覺得沮喪的話吧！我想其他動物醫生和人類醫生的想法也是一樣的，如果各位能夠掌握醫生的心理狀態，了解什麼是「讓醫生沮喪的話」，會讓我覺得很欣慰。

一、沒有藥效更好的藥了嗎？

像是肝臟病變等代謝性疾病和皮膚炎這些無法立即治好的症狀，飼主會因為症狀的時好時壞而心急如焚。也許大家都認為在治療上有所謂的「最佳」選擇，然而「最佳」往往是不存在的。

「如果有藥效更好的藥，我一開始就會拿出來了，我在治療上不會裝模作樣的！」

每當有人這麼問我，我都會覺得心痛。

二、沒有治好啊！

對於異位性皮膚炎和兔子腫瘤等無法根治的疾病，或是很難根治的病症，我都會一再和飼主說明狀況。然而，飼主每個禮拜來到醫院，都會說：「看起來都沒有好轉啊！」讓我有一種被步步進逼的感覺。如果這是能夠治好的病，我當然會想要治好啊！

三、治得好的話就做吧！

在我說出「住院會比較好」時，就會有飼主回答我：「治得好的話，就讓牠住院吧！」對方附加了一個條件，就是「治得好的話」。如果住院一定能治好，我就會說得更肯定了。住院是為了進行集中治療，所以我才會認為比較好，但並不是「絕對會治好」的選項，不做做看的話，誰也不知道。即使住院，我也竭盡全力，仍然有很多疾病無法確定會不會好轉。

如果把情境換成是在購買手機，這就好像賣方對你說：「登錄的帳號有可能會不見。」然後你就回答：「要是會不見的話，我就買別支。」不受信任，真的讓人很難過。

另一方面，「全部交給您了。」這句話也讓人有些困擾。即使我拚命地說明，還是會有飼主只回應我：「嗯，怎麼樣都可以，全部交給醫生就好了。」這的確是對我全面信任沒錯，但也就形同把什麼都丟給我了。「要煩惱的只有我一個人啊！」我不禁會這麼想著。既然是你的寵物，就請你也一起和病魔奮鬥，孤軍奮戰的話，總覺得有點寂寞。

還有到醫院初診的飼主，我只不過說了一些話，對方就不斷詢問：「這個孩子已經沒救了吧！」帶著小孩飼養的倉鼠和小鳥來看診的母親，特別會有這種情形。

「醫生，已經不行了吧？不行的話，我就放棄了。」

不，我完全沒有說不行吧！必須一一確定才會知道行不行啊！

四、果然還是不曉得……

有許多飼主會問我：「原因是什麼呢？」也許大家認為寵物疾病和人類疾病相比之下單純許多，但是這可不一定。就如同鑑識人員一樣，即使到處尋找原因，還是有可能不明白。於是，飼主就會這麼說：「果然還是不曉得……」

這是深深刺進我心坎的一句話，就連我也想要知道原因，但是有時候依然沒辦法。醫學就是一門不完整的學問，就算可以掌握現在發生的狀況，但是在很多情況下，還是只有神明才知道為什麼會變成這樣。

不過，有些疾病是只要掌握症狀，即使不知道原因，也曉得要用什麼方法治療。

假設有一隻無精打采的動物前來就醫。我一檢查，發現牠沒有精神的原因是貧血。雖然進行許多檢查，卻還是找不出造成貧血的原因，但是即使不知道明確原因，也有好幾種可以解決貧血的治療方法。

此外，夏天的濕疹症狀會變多。接著，我就會和飼主展開以下的對話：

「醫生，為什麼夏天就會出現濕疹呢？」

「細菌在夏天會變得活躍，較容易繁殖，免疫力因為酷熱和壓力而下降，就會很容易感染。」

「那麼為什麼免疫力會下降呢？」

「……因為很熱啊！」

從經驗上來看，一到夏天，皮膚炎患者就會增加，我也知道是和細菌有關。只要洗澡、吃一些抗生素，基本上就會痊癒了，但我依然不曉得是真的因為免疫力下降，還是感受到壓力的關係。

有很多疾病即使形成原因不明，卻還是可以治好。同樣地，就算知道原因但還是治不好的疾病也很多。

第十二章

是希望讓牠解脫，還是希望救得了牠？

- 每年都有一、兩次，會背著員工哭泣
- 做出痛苦抉擇的勇氣
- 輕率的安樂死，不過是殺生罷了
- 絕對要救牠的信念，會創造奇蹟

每年都有一、兩次，會背著員工哭泣

我擔任動物醫生已經十三年了，從開業至今，我和前來醫院的飼主也維持了八年的交情。自大學畢業到執業的這段期間以來，我曾在好幾家動物醫院實習，也有一些飼主會為了配合我而更換寵物就診的醫院，現在也一直帶寵物來我們醫院看病。

在第八章提到那隻引發大出血巨蜥的飼主，也是從我通過獸醫師國家考試後，在我還是菜鳥時就一直往來到現在的其中一人。巨蜥出血時，情況真的非常危急，而我之所以能夠救活牠，也是因為飼主對我的信賴，讓我可以立刻決定動手術。

如果建立這些信任關係，就算遇到危險狀況，也能馬上治療或進行手術處置，真的很有幫助，所以找到一個家庭醫生是很重要的。

前幾天，那隻巨蜥的飼主久違地帶了蘇卡達象龜來看診。蘇卡達象龜是可以成長到六十公斤的非洲陸龜，我在十二年前也曾為這隻蘇卡達象龜看診。當時牠才只有六十公克，可以放在手掌上，現在我得把牠整個抱起來，而牠的體重也變成四十公斤了。

在這個世上有所謂適合當寵物的動物，只要好好飼養的話，烏龜是非常長壽的。就算長年沒有來醫院，十年後的某天突然來訪也一點都不奇怪。假使是倉鼠，只要兩年沒來醫院，我就會想著「應該是在家裡迎接生命盡頭了」。此外，就連五歲才第一次來醫院看病的狗也是，只要過了十年，牠們大多已經變成老狗了。不過，我想我大概還會和這隻蘇卡達象龜相處三十年左右，到死之前，我都想擔任這隻烏龜的主治醫生。

對於這些給予寵物深深關愛的飼主，我有好幾度都感到敬佩。

有飼主一直不斷照顧著因為癌症而截肢、幾乎無法行動的兔子。牠會被大便和尿液弄得很黏、很髒，光是維持清潔就要花費很多的精力，但是飼主卻能處理得非常乾淨，和我的指導相比，飼主下的功夫更深、更多。

也有飼主長年照顧因為營養性疾病導致背骨骨折而無法自行排洩的鬣蜥，每隔兩、三天就讓牠泡一次澡，幫牠按摩腹部，讓牠順利排便。

連我都驚訝不已，因為這是比起醫療行為更充滿關愛的案例，與其讓牠住院，讓飼主照顧牠搞不好還可以活得更久。

儘管如此，生命終有盡頭。除了烏龜和大型鸚鵡以外，大部分寵物的壽命都比人類還短，因此身為動物醫生的我會見證許多動物的最後一刻。也許是職業的關係，我已經見慣動物死亡，不過還是有一些殘留在我心中的臨終時刻。

我曾經看顧過一隻耍猴人的猴子。飼主從那隻猴子出生就一直和牠同寢共食，把牠當成自己的孩子般養大，也是共同經歷嚴格訓練、分享苦樂的好夥伴。那隻猴子死亡時，他不在乎自己身在醫院，就這樣任由眼淚和鼻水在臉上奔流，大聲哭泣。

還有一隻住院的烏龜因為肺炎而死，我打電話通知飼主這件事後，對方就穿著喪服來迎接牠。

我還在其他醫院實習時，有一對八十幾歲的老夫婦飼養一隻同樣又小又老的約克夏，那隻狗罹患慢性心臟病，一直都由我看診。

那真的是一對感情很好的老夫婦，沒有孫子，非常疼愛那隻步伐蹣跚的約克夏。我想那隻狗是兩人的心靈寄託吧！可是某天，狗狗就因為心臟衰竭過世了。生命就是如此，我也無可奈何，然而當我看見不曉得該如何面對愛犬死亡，怔忡地站在原地不動的老夫婦身影，整顆心還是揪起來了。

事實上，我大概每年都會有一、兩次瞞著員工躲在廁所裡哭。當我感受到飼主濃濃的關愛，以及失去心愛寵物而拚命忍受悲傷的身影，就無法忍住眼淚。

在面對那對飼養約克夏的老夫婦時也是如此，一看到那些極力強忍悲傷、噙住淚水的飼主，還有硬要接受現實，卻迷失在那種無力感之中的飼主，就連我也會深深感到痛苦。

做出痛苦抉擇的勇氣

以前，曾有一對夫妻帶了一隻下半身不能動，也無法排尿來的草原犬鼠來到醫院。據說這隻草原犬鼠在前一陣子因為食欲不振，帶去附近的動物醫院，牠就在那家醫院待了一些時間，進行血液檢查。只是之後，身體狀況卻仍是如此。

我在醫院幫這隻草原犬鼠進行X光和血液檢查後，發現牠的背脊骨折，血液中的尿素氮數值遠遠無法達到檢查機器的測量值。由於背脊骨折的關係，牠的下半身麻痺，已經到了腎衰竭末期。

像草原犬鼠和兔子這類小動物會突然做出一些突發性動作，因此動物醫生在檢查時常常會不自覺地抓得太用力，結果就造成骨折了。貓、狗還不太可能，不過小型動物的話，就很容易想像得到。

當動物醫生為了檢查而壓制住這些動物時，要是力道太弱，動物也有可能因為過於激烈的動作，而從診療台墜落在地，造成受傷。

假如發生這種狀況，要歸咎於醫療疏失，還是動物醫生身上，就是很困難的問題了。如果不好好壓制這些凶暴的動物，就無法進行適當的診療和檢查。搞不好我明天就會遇到這種事，因此希望大家能夠了解，在對這些動物進行醫療行為時，常常會引發這類意外。

對於飼養草原犬鼠的那對夫妻，我也只能老實地告訴他們：「牠的背骨骨折導致下半身不遂，現在是腎衰竭末期。很遺憾地，我想應該沒有可以救牠的方法。」

說完這些話，對方只是努力忍住淚水，反問我：「這個孩子現在很痛苦吧？」

「是的，腎衰竭末期真的非常痛苦。」

飼主什麼都沒說，只是靜靜沉寂在無法拯救眼前這個痛苦小生命的現實裡。

「請選擇不會讓這個孩子痛苦的方式吧！」

於是，最後我們就選擇了安樂死。

事實上，要讓這隻最愛的寵物不再受苦，就連我也認為只有安樂死這個選項了。然而，決定讓心愛的寵物安樂死依然很痛苦，這也是事實。我們要怎麼接受這兩種左右為難的事實呢？

其實那位飼主太太當時懷孕了，已經快到預產期。在這個對生命非常敏感的時刻，卻還是選擇安樂死這個令人痛苦的選項，對任何人而言，都不是一件簡單的事。

看著那對始終沒有吵鬧、竭力忍住淚水的夫妻身影，連我也不禁流下眼淚。

、輕率的安樂死，不過是殺生罷了

另一方面，同樣是「安樂死」，我也曾有後悔哭泣的經驗，就是雖然並非出於我的本意，但是卻不得不這樣做的情況。

有一次，一隻頭呈現傾斜狀態，罹患「斜頸症」的兔子前來醫院看病。造成兔子「斜頸症」的原因有很多種，這隻兔子是因為寄生蟲進入腦部，才會導致頭歪一邊。雖然無法完全復原，但並不是會馬上致死的疾病，只要好好照顧，不僅不會痛苦，還可以活很長的時間。除了歪頭以外，其他的內臟機能也沒有異常，搞不好兔子本身根本就不知道自己的頭是歪的。

我向飼主說明狀況以後，連飼主也歪起頭了。

「我沒辦法照顧牠，請讓牠安樂死吧！」

「咦？安樂死嗎？」我直覺地回應道：「但這不是馬上就會致死的疾病，只要好好飼養，牠也會吃飼料，就算是這種狀況，還是可以存活很久的。」

我反覆說明好幾次，對方也只是說了一句：「我明白。」之後就回去了。

結果隔週，對方就和朋友再度來訪。

當我打算如同往常一樣問診時，對方的友人似乎想要制止我說話，搶先開了口：「這個人說想要讓兔子安樂死，只是在醫生的面前就什麼也說不出口了。」

「不過，只要好好照顧這隻兔子的話，牠可以活很久的，這種情況不需要安樂死。」我再度說明一次。

「如果連這樣的狀況都要安樂死，所有需要照顧的動物就要全部殺掉了。」

事實上，在面對動物的未來，有很多飼主都會把安樂死列入考量，只是我自己的心中有一套標準。在面對這些明明沒有苦痛、甚至還可以活很久的動物時，我也會確確實實地把情形告訴飼主。

幸運的是，希望安樂死的飼主並沒有這麼多，對方大致上都會說再努力看看。

只是這次並不一樣，對方的友人用著一副「對於你這種不知變通的動物醫生，我就奉勸你一句」的氣勢，帶給我的感覺就是無論如何都要進行安樂死。

飼主只是低著頭，不發一語。持續一段時間的爭論後，我也終於忍無可忍了。

「好，我就做！真的可以嗎？絕對不會後悔嗎？」

為了以防萬一，我還是多問了一句，對方的朋友還驕傲地放話說：「對，拜託你了，我們絕對不會後悔的。」

我對此覺得很生氣，於是就在飼主的面前進行安樂死。飼主一動也不動，沉默不語，看起來像是沒有任何感覺的樣子。

在爭論的最後，我的腦海中曾經浮現「我不做」的想法。但是，就算飼主到其他的動物醫院，也只是做同樣的事情而已，所以我才會想說，就由我來做吧！

飼主離開以後，對於欠缺冷靜的自己和對兔子的愧疚，讓我頓時陷入複雜的情緒裡，想著：「我到底在做些什麼啊？」淚水一下子就奪眶而出。

我很難過，剝奪生命比做任何事情都還要讓我後悔。我明明想著，自己的職責就是做對飼主而言覺得必要的事，但是我卻無法將這件事合理化。飼主覺得很滿意地離開了，我卻消沉好一陣子的時間。

當我對動物醫生朋友說出這件事時，也受到了指責。

「那才不是安樂死，是殺生啊！」朋友說，飼主用「安樂死」這個詞彙想讓動物解脫，但是換一個詞彙來講，根本就是在殺生。

「對於站在醫療前線，把拯救生命當成第一要務的我們來說，是不可以殺生的。你硬是答應了這個要求，由自己動手，才會因此哭泣吧！如果是我，當下就會說：『所以你是希望殺生，對吧？我是不會殺生的。』殺生很痛苦，我也沒有做過，但是我知道真的很痛苦。」

經過朋友這麼一說之後，我才再次注意到自己所做的事情並不是安樂死，而是在殺生，所以才會因為這樣而落淚。我已經不想殺生了，對那隻兔子也只有滿滿的歉意。

說到動物的安樂死，大家認為究竟要花多久的時間才會死亡呢？

進行安樂死時，一般都是把藥物施打到靜脈。迎接死亡的這段時間，也不過是施打藥劑後的數分鐘而已。

由於時間意外地短，站在一旁的飼主都會很驚訝地問：「已經死了嗎？」

當然，迎接死亡的動物本身並不覺得痛苦，但是我卻深深覺得自己對動物下了毒手。也許大家以為安樂死要花時間讓動物睡著，慢慢迎接死亡，然而事實上卻非常快速，身為執行者的動物醫生本人會如實地感受到「牠已經死了」。

此外，如果投入藥量不夠多，無論過多久，動物都不會死亡，反而會非常痛苦。也許這麼說並不好聽，不過生命就是如此複雜，當我們不希望死的時候，生命就會輕易消逝；希望對方能安詳死去時，卻往往無法如願以償。

考慮到飼主的心情、動物的狀態和我自己本身，要進行適當的安樂死，就必須非常嚴格地控制複雜情緒與計算適當的麻醉藥量，是一樁非常艱難的任務。

絕對要救牠的信念，會創造奇蹟

有時候，要決定生死是很困難的，例如上了年紀的動物身患慢性病，或是心臟、腎臟不好等情況下，就無法毫無罣礙地迎接死亡，而是會一點一滴、一步一步地變得衰弱，邁向生命的終點。

像是已經沒有希望治癒的重度呼吸疾病，如心臟衰竭伴隨著肺水腫這類末期症狀，只要讓動物進入氧氣室裡，大概半天左右就可以看到情況舒緩。假使沒有這麼做，也許兩個小時就會死亡。

在這個時候，要選擇是否將動物放入氧氣室真的很不容易。不，也許大多數的人會認為把牠們放到氧氣室裡，讓牠們多活幾個小時會比較好。

然而，以現實情況來看，當看見自己疼愛的動物在承受痛苦時，就無法這麼輕易抉擇了。就算放到氧氣室裡，也只是讓呼吸稍微輕鬆一些，對動物本身來說還是很難受的。無論怎麼做，半天之後還是要面臨死亡。

此時，我就會把現在動物的處境詳細地告訴飼主，再詢問對方：「讓牠多活半天，有什麼意義嗎？」

我並不是希望讓動物早點解脫才會這麼問的，如果飼主想讓動物多活一分一秒，當然是放進氧氣室比較好；只是如果飼主認為多活幾個小時也沒有意義，就不要放進氧氣室，讓牠自然斷氣會比較好。

這時候，通常女性飼主會比較乾脆。

在目睹寵物死亡的飼主中，女性會勇敢地說：「請讓牠就這樣走吧！」相較之下，男性通常會說：「太可憐了，再讓牠活久一點吧！」

「不是這樣的，孩子的爸，讓牠這麼痛苦地再多活半天又有什麼意義呢？這樣才更可憐吧！所以我想還是讓牠自然死亡會比較好。」

「但我還是覺得很可憐啊！孩子的媽。」

這樣的對話不斷持續著。

「所以到底有什麼意義呢？」女性飼主就這麼勸誡著男性飼主。女性飼主每天都照顧著牠，對於生命也有所覺悟了。

說到「媽媽的勇敢」，還有這麼一段故事。

有一位飼主媽媽帶了一隻不吃飼料的烏龜來醫院看病。牠的龜殼嚴重變形，坑坑疤疤的，彷彿在極為惡劣的飼養環境下生活了十年。一經檢查，我發現牠不吃飼料的原因是卵阻塞。

只要是卵阻塞，龜殼就一定會變形，當然動手術會比較好，但是以牠的整體狀態來看，應該無法承受把腹甲切開的漫長手術。有骨骼異常等疾病的動物如果再發現其他的症狀，大多會造成致命的危險。

假使我的烏龜也處於同樣的狀態，也許我會因為死亡率太高而認為不要動手術比較好，即使我知道不動手術，牠也無法久活。

我向飼主媽媽說明這幾個選項，她激動地回應道：「反正都會死，就請賭一把，幫牠動手術吧！」我能想像手術的風險很高，但是既然對方都這麼說了，我也只能盡力而為。

我幫烏龜剖腹取卵，很不幸的是，我還發現牠的腸子有部分異常。異常部分已經壞死了，不只變得皺巴巴的，還飄散出腐臭味，我只是稍微用鑷子夾了一下，腸組織就破了一個洞。

「啊……在這種狀態下竟然還活著，烏龜到底是什麼生物啊？」

飄散著腐臭味，就代表生命已經到了盡頭。

「已經救不了了吧……」我在心裡這麼想著，然後切除腐敗的腸子，為了不要讓接合處留下縫隙，一針一針地慢慢縫合。

在動手術的期間，我把「已經救不了」的想法抽離腦海。助手也沒有說話，只是用著「應該沒救」的眼神看著我。然而，無論是多麼絕望的手術，我還是必須用盡全力處理眼前的狀況。

接著，耗時兩個半小時的卵巢、輸卵管和腸切除手術總算結束了。只是即使過了麻醉應該消退的時間，牠還是沒有醒來。助手拚命對著這隻烏龜進行人工呼吸。要順帶一提的是，對動物的人工呼吸並不是用嘴對嘴，而是利用連接著氣管的導管，擠壓幫浦，將空氣直接送到動物的肺裡。

手術結束已經過了兩個小時，這隻烏龜依然沒有呼吸，一動也不動。一般來說，如果在這種狀況下沒有甦醒，多半就凶多吉少了，果然還是不行吧！

就在這時候，這隻烏龜非常微弱地動了一下。

「醫生，烏龜動了！牠動了！」持續進行兩個小時以上人工呼吸的助手非常興奮地喊道。

不知怎麼地，烏龜開始自主呼吸，只是之後的狀況依然沒有好轉。我讓牠住院兩個禮拜，牠在這段期間內一次都沒有吃過飼料，也提不起精神。我想牠已經到了極限，於是就通知飼主媽媽把牠領回家，改成一週來醫院進行一次注射和流質食物的治療。

儘管如此，牠有救的跡象還是非常低。就算我每個禮拜都請飼主媽媽帶牠過來，烏龜的狀況還是很差，我的心情也很沉重。

飼主媽媽也很擔心，不斷問我：「牠沒問題嗎？」我也無法給予能讓對方安心的回覆。我一邊治療，一邊回想起手術中腐敗腸子的模樣。

「看情況，腸子鐵定還會破洞，引發腹膜炎，那隻烏龜正在慢慢接近死亡啊……」

接著，過了一個半月左右。這段期間以來，飼主媽媽並沒有因為狀況毫無進展而沮喪，依舊每個禮拜持續回診。

然而，前幾天，飼主媽媽和至今為止從未出現的飼主爸爸一起現身了。

「醫生！牠昨天突然開始吃東西了！」

「咦？」我不由得瞠目結舌，「牠吃飼料了嗎？」

「是的，吃得津津有味呢！牠也有排便，還恢復精神了！」

「真是太好啦！」

這真的是奇蹟，努力進行人工呼吸兩個小時的助手也非常高興。我倒是很驚訝，一直在觀察牠的狀況，飼主媽媽也問我：「醫生之前是真的覺得不行了嗎？」

「老實說，我是覺得狀況很不樂觀。」我這麼回答。

飼主爸爸也附和道：「果然是這樣呢！」

「醫生，我之前也覺得沒救了！但是醫生，」飼主媽媽的眼角流出淚水，接著說道，「我一直相信牠絕對能撐過去的！」

飼主媽媽在說出「反正都會死，就請賭一把」時，心裡也許一直相信著「絕對救得活」吧！

即使我下定決心進行可能無法挽回動物生命的手術，之後也完全沒有好轉的跡象，但飼主還是不放棄，每個禮拜回診一次，我想如果沒有這份「可以救活」的強烈意志，是絕對無法做到的。

超越我對獸醫學知識和經驗的現象，就發生在動物的身上。從好的意義來看，原來還有不合乎常理的事。這也帶給我一個經驗，就是絕不可以放棄，這不僅讓我在工作上有了幹勁，自己彷彿也脫胎換骨了。飼主媽媽這份「可以救活」的強烈信念，不僅救了烏龜，也拯救了我。

後記

渺小的我，也想要做些什麼

巴士以時速一百公里的速度席捲著泥土，奔馳在貫穿熱帶雨林正中央的筆直道路上，朝著亞馬遜河的河口前進。彷彿剛被推土機剷平的道路，揭開一片紅褐色的大地。有時候，對向車會以同樣一百公里的速度接近。擦肩而過的瞬間，連窗戶都喀喀作響地搖晃著。如果對撞的話，雙方都會粉身碎骨吧！當對向車行駛過後，車窗外又是一片綿密的綠色原始森林。從巴西的入口——聖保羅到亞馬遜河大約三千公里，兩位司機輪流開車，二十四小時不休息，持續駕駛六十小時。

從小就很喜歡動物的我，一直都很喜歡看《野生王國》和《川口浩探險隊系列》這類電視節目。受到這些電視節目影響，我在大學時代加入探險社，而初次的海外遠征，就一個人去了亞馬遜河。

亞馬遜有我所謂的「原始風景」。抵達聖保羅的第一天，我就知道接下來要一個人前往熱帶雨林了。為了蒐集情報，我還去了彷彿盜賊巢穴般，聚集了很多日本人的小旅館。我在那裡遇到一個日本人，他對我說：「這裡很危險，常常會被搶劫。不過，即使是巴西，也不會有那種要你性命的人，你就加油吧！」在開始這段不曉得隔天會發生什麼事的亞馬遜之旅前，極度膽小的我就因為這段話而鼓起勇氣。就算沒有錢，只要我能活著，一定可以想辦法撐到明天。

這份心情就和我剛剛執業時一樣。只有低廉的實習動物醫生薪資，也沒有存款，就背負數千萬日圓債務的強烈不安全感，和要前往亞馬遜的不安全感如出一轍。接著，我回想起當時的心情。

「就算沒有錢，只要我活著就沒問題了。」

對啊！活著就好了嘛！我的心情豁然開朗。

事實上，這種心態在處理本書介紹的各種野生寵物診療上也都適用。我已經一再重申很多次，珍禽異獸和貓、狗不一樣，已知的資訊非常有限。但是，如果無法掌握那些未知的資訊，別說是要救活牠們了，連治療都做不到。對於從未診療過的動物或疾病，應該怎麼面對呢？別放棄，首先踏出第一步，在你掙扎的過程中，就會看見前進的路。

只要想想亞馬遜的存在時間，就會覺得人類十分渺小。亞馬遜河河口的寬度大約是東京到名古屋這麼大，當我在巴士上搖搖晃晃地抵達河岸時，頓時感到自己真的有如蜉蝣。

無論是生命、醫療，我們都不過是在人類所打造的社會中奔走而已。在大自然孕育出來的奧妙生命前，我們常顯得無能為力。不論科學技術和醫療再怎麼發達，說到底，我們能做到的事也不過只是冰山一角，生命的複雜不是可以輕易闡明的。

所以，我才必須更努力。煩惱的時候、疲憊的時候、睡前的短暫片刻，還有撰寫這份書稿的時候，亞馬遜河都在我的腦海中悠悠流動著。於是，我就會意識到所有的事物都很渺小，產生「船到橋頭自然直，我必須做些什麼」的心情。

最後，我能夠撰寫本書、提出企畫案，必須感謝在所有患者中距我最遙遠的愛龜飼主——派駐在北京的採訪記者田中奈美小姐、給予我機會的扶桑社高橋香澄小姐，以及總是在院內沒有人手時支援我的本院動物醫生和諸位助手。

到此，這份書稿也終於寫完了。我回到熟悉的診療室，為了活在人類社會的動物們，我感覺自己還可以更努力一些。

田向健一

二〇一〇年十二月

編纂成文庫本的心得

自從二〇一〇年十二月，出版社提出要我出版單行本到現在，已經過了大約五年了。在那之後，社會對野生寵物的關注也越來越高。主要城市舉辦了野生寵物手冊展示特賣會，聚集了數千人；另一方面，雖然本書尚未上市，也已經有不少人關注，我覺得這種發展相當好。在全日本各地，不分動物種類進行治療的有志動物醫生也會到研究會與學會交換情報，雖然步伐和烏龜一樣緩慢，但是這個領域確實在進步。

二〇一五年十一月，我在負責管理的研究會中招募來自美國的野生寵物專門動物醫生，展開為期三天的研討會。每天都有超過一百名動物醫生參加，學習最前線的野生寵物醫療。我相信，臨床動物醫生持續的努力，就是珍禽異獸醫學的根基。

說到我的學生時代，我在前文提過，大學時也只有稍微學過以牛、馬、豬、雞、狗、貓為中心的知識而已。觀察現今日本獸醫學院的狀況，我聽說與貓、狗相關的臨床課程已經增加了。此外，還有一些議題會談論到成為動物醫生的途徑、獸醫師國家考試中也出現代表性的野生寵物——兔子和豚鼠的相關問題等。事實上，這也可以說是很大的進步。因為出現在國家考試的試題中，就代表分散在全日本的十六家獸醫大學都必須教授兔子和雪貂的相關知識。今後，我希望這股趨勢也可以蔓延到小鳥與爬蟲類等動物上。

接下來，就是我的私事了。我想要把工作現場得到的經驗活用在獸醫學上，於是就在二〇一四年向母校麻布大學提出論文，取得博士學位。論文主題當然是野生寵物。而且我還以本書所寫的青蛙病原體——壺菌病為題材，在論文的三章裡用了一章的篇幅來說明，如何用人類用足癬藥來治療壺菌病。我在大學入學考試面試時，曾說過：「想要學習蠶蜥的知識！」對方也明白地回應我：「我們這裡不會教。」在那之後，過了二十四年，雖然主題從蠶蜥變成青蛙，但是當時應該沒有人能想像用珍禽異獸來當作研究主題吧！

前幾天，我從母校的教授那裡聽到令人振奮的消息。「有很多學生是因為閱讀田向的書籍後才以成為動物醫生為目標，還有報考我們學校喔。」我出版過好幾本書，從這個狀況聽來，這本書正是他們的契機。

一想到這些後輩都走在我披荊斬棘所開拓的路上，我就感到非常光榮。也許哪天這些學生如願成為動物醫生，在路上看到我，還會跟我攀談呢！光想到就覺得很感動，我從現在開始就滿心期待著。

在動物醫院的現場，動物醫生必須處理的事情非常多，甚至多到看不見盡頭。從我三十歲開業到現在已經十二年了，我都是抱持著無論如何也得做做看、挑戰看看，這種在一片迷茫中胡亂闖蕩的心態；過了四十歲以後，我才有終於了解自己的個性和應該做什麼事情的感覺。

近年來，我所追求的動物醫生願景、動物醫學治療願景，終於慢慢撥雲見日，我也隱隱約約看到自己目標的終點。

我想要捨棄自己背負的多餘裝束，從今以後用自己的方式，進一步探討珍禽異獸醫學。

田向健一

二〇一六年二月

商周其他系列　BO0277

動物醫生的熱血日記

貓咪、倉鼠到蜥蜴，
66個最新奇動人的生命故事

原文書名／珍獣の医学
作　　者／田向健一
譯　　者／郭子菱
企劃選書／陳美靜
責任編輯／黃鈺雯
編輯協力／蘇淑君
版　　權／黃淑敏、翁靜如
行銷業務／周佑潔、石一志、莊英傑、闕睿甫

總 編 輯／陳美靜
總 經 理／彭之琬
發 行 人／何飛鵬
法律顧問／台英國際商務法律事務所
出　　版／商周出版　臺北市中山區民生東路二段141號9樓
電話：(02)2500-7008　傳真：(02)2500-7759
E-mail：bwp.service@cite.com.tw
發　　行／英屬蓋曼群島商家庭傳媒股份有限公司　城邦分公司
台北市104民生東路二段141號2樓
電話：(02)2500-0888　傳真：(02)2500-1938
讀者服務專線：0800-020-299　24小時傳真服務：(02)2517-0999
讀者服務信箱：service@readingclub.com.tw
劃撥帳號：19833503
戶名：英屬蓋曼群島商家庭傳媒股份有限公司城邦分公司
香港發行所／城邦(香港)出版集團有限公司
香港灣仔駱克道193號東超商業中心1樓
電話：(825)2508-6231　傳真：(852)2578-9337
E-mail：hkcite@biznetvigator.com
馬新發行所／城邦(馬新)出版集團
Cite (M) Sdn Bhd
41, Jalan Radin Anum, Bandar Baru Sri Petaling,
57000 Kuala Lumpur, Malaysia.
電話：(603)9057-8822　傳真：(603)9057-6622　email: cite@cite.com.my

國家圖書館出版品預行編目(CIP)數據

動物醫生的熱血日記：貓咪、倉鼠到蜥蜴,66個最新奇動人的生命故事／田向健一著；郭子菱譯. -- 初版. -- 臺北市：商周出版：家庭傳媒城邦分公司發行, 民106.12
面；　公分. --(商周其他系列；B00277)
ISBN 978-986-477-342-8(平裝)

1.獸醫院 2.獸醫學 3.文集

437.2807　　106018475

封面設計／走路花工作室　內文設計暨排版／無私設計　洪偉傑　印　刷／韋懋實業有限公司
經 銷 商／聯合發行股份有限公司　電話：(02)2917-8022　傳真：(02) 2911-0053
地址：新北市231新店區寶橋路235巷6弄6號2樓

ISBN／978-986-477-342-8

定價／350元

城邦讀書花園
www.cite.com.tw

2017年（民106）12月初版
2023年（民112）6月初版3刷
Original Japanese title: CHINJU NO IGAKU

Original Japanese edition published by Fusosha Publishing, Inc.
through The English Agency (Japan) Ltd. and AMANN CO., LTD., Taipei